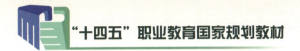

"十四五"职业教育国家规划教材

宠物临床基础治疗技术

王金福　主编

CHONGWU LINCHUANG
JICHU ZHILIAO JISHU

化学工业出版社

·北京·

内容简介

《宠物临床基础治疗技术》是"十四五"职业教育国家规划教材,从学生的认知规律、宠物医学临床诊疗的职业技能现状和未来职业能力发展需求三个方面着手,对碎片化的知识点和技能技术进行归纳、整理、有机融合,形成完整的教材内容。教材内容共包括兽医职业安全与防护、药物治疗技术、输液治疗技术、对症治疗技术、理疗技术和急救治疗技术6个模块近60种职业技能,每个职业技能均对物品准备、操作过程及注意事项进行了详细介绍。教材的最后还有9个临床上常用的专业知识附录,供学习时查阅参考。教材重点突出了职业能力与职业素养培养,强调了尊重动物生命、关爱动物健康的动物福利理念。本书配有丰富的数字资源,可扫描二维码学习参考。

本书可作为高职高专宠物类相关专业的师生用书,也可作为宠物医院以及相关科研人员的参考书。

图书在版编目(CIP)数据

宠物临床基础治疗技术/王金福主编. —北京:化学工业出版社,2021.11(2025.1重印)
高职高专宠物专业系列教材
ISBN 978-7-122-40016-1

Ⅰ.①宠… Ⅱ.①王… Ⅲ.①宠物-动物疾病-诊疗-高等职业教育-教材 Ⅳ.①S858.93

中国版本图书馆CIP数据核字(2021)第198586号

责任编辑:迟 蕾 李植峰 张雨璐　　文字编辑:邓 金 师明远
责任校对:杜杏然　　装帧设计:王晓宇

出版发行:化学工业出版社(北京市东城区青年湖南街13号 邮政编码100011)
印　　装:涿州市般润文化传播有限公司
787mm×1092mm 1/16 印张10¼ 字数222千字 2025年1月北京第1版第2次印刷

购书咨询:010-64518888　　　　　售后服务:010-64518899
网　　址:http://www.cip.com.cn
凡购买本书,如有缺损质量问题,本社销售中心负责调换。

定　价:48.00元　　　　　　　　　　　　　　　　　　　版权所有　违者必究

前言
PREFACE

　　《宠物临床基础治疗技术》是按照教育部关于开发"职业教育国际水平专业教学标准"的要求进行设计和取材编写的，也是校企合作编写的融媒体教材。教材以国际职业技术操作规范为基础，以国际行业人才需求为目标，以体现国际行业发展趋势的专业技能为核心，根据专业岗位能力需求，本着"课程内容对接职业标准"的原则，以真实工作任务为载体，按照工作行动领域和工作岗位开发课程内容，在充分挖掘宠物相关医学专业自身特色和优势的基础上，形成了以行动领域为导向的内容框架和结构体系。

　　本教材编写的思路是从"立德树人"理念，根据由浅入深、由简单到复杂的学习认知规律和宠物医学临床诊疗的职业技能现状，以及未来职业能力发展需求三个方面着手，突出宠物临床专业岗位能力，强化操作技能训练，注重职业道德和人文素养的形成，意在培养宠物医疗行业技能型应用人才。在满足教材系统性、科学性的前提下，将碎片化的知识点和专业技能进行归纳、整理、有机融合，力争做到教学内容的针对性、适用性、实效性和先进性。

　　本教材在设计时，紧紧围绕服务宠物医疗产业发展需求，组建校企双元的教材编写团队，强化行业指导，及时引入宠物医疗行业新技术。依据学生认知规律，对接宠物医疗产业发展和岗位需求，采用模块化方式重构知识与技能。每个职业技能均是以真实项目为载体，按技能应用背景、物品准备、操作过程和注意事项等顺序进行编排，着重培养学生的临床操作能力、技术运用能力和解决实际问题的能力，着力解决教材与宠物医疗行业实际脱节的问题，更好地服务于宠物医疗行业发展。

　　教材重点突出了宠物临床技能的操作能力、应用能力、产业服务能力和职业素养培养，强调了尊重生命，关爱动物健康的动物福利理念和公共卫生安全意识。教材内容条理清晰、图文并茂、通俗易懂，并配有丰富的数字化资源，便于自主学习。

本教材由上海农林职业技术学院王金福担任主编，上海岛戈宠物有限公司、上海市畜牧兽医学会项越海及芜湖职业技术学院朱广双担任副主编。具体编写分工为：上海农林职业技术学院王金福编写前言、模块四、附录，并负责全书的编排和统稿，芜湖职业技术学院朱广双编写模块一，甘肃农业职业技术学院孙甲川、云南农业职业技术学院荀来武编写模块二，广东科贸职业学院王亚欣、黑龙江农业经济职业学院李晓娟编写模块三，洛阳职业技术学院宋敏杰编写模块五，上海岛戈宠物有限公司项越海编写模块六。

本教材适用于动物医学专业、畜牧兽医专业和宠物医疗技术专业师生的学习和使用，也可以作为兽医临床工作者和宠物医学工作者的参考书。

教材在编写过程中也参考了一些专业书籍和专业网站，在此表示感谢！

由于编者的水平和能力有限，教材中疏漏之处在所难免，敬请读者批评指正。

编 者

目录

001 模块一 兽医职业安全与防护

技能1-1　洗手 / 003
　　技能1-1-1　七步洗手法 / 003
　　技能1-1-2　免洗消毒剂洗手 / 005
技能1-2　口罩的戴与摘 / 006
技能1-3　手套的戴与脱 / 008
技能1-4　锐器伤的应急处理 / 010
技能1-5　动物抓伤、咬伤的应急处理 / 012
　　知识延伸　狂犬病暴露分级标准与处置指导意见 / 013

015 模块二 药物治疗技术

技能2-1　消化道给药 / 017
　　技能2-1-1　口服给药 / 017
　　技能2-1-2　直肠给药 / 020
技能2-2　注射给药 / 023
　　技能2-2-1　药液抽取 / 026
　　技能2-2-2　皮内注射 / 028
　　技能2-2-3　皮下注射 / 029
　　技能2-2-4　肌内注射 / 031
　　技能2-2-5　静脉注射——使用头皮针 / 033
　　技能2-2-6　腹腔注射 / 036

039 模块三 输液治疗技术

技能3-1　静脉输液技术——使用留置针 / 048
　　知识延伸　脱水 / 051
技能3-2　注射泵的使用 / 053
技能3-3　输液泵的使用 / 055
技能3-4　配血与输血 / 057
　　技能3-4-1　交叉配血试验 / 057
　　技能3-4-2　输血 / 058

061 模块四 对症治疗技术

技能4-1　冲洗疗法 / 062
　　技能4-1-1　鼻泪管冲洗技术 / 062
　　技能4-1-2　胃冲洗技术 / 064
　　技能4-1-3　肛门腺冲洗技术 / 066
　　技能4-1-4　导尿与膀胱冲洗技术 / 067
　　技能4-1-5　子宫冲洗技术 / 075
技能4-2　穿刺治疗技术 / 077
　　技能4-2-1　膀胱穿刺技术 / 077
　　技能4-2-2　腹腔穿刺技术 / 078
　　技能4-2-3　胸腔穿刺技术 / 079
　　技能4-2-4　关节穿刺技术 / 081
　　技能4-2-5　脊髓穿刺技术 / 082
　　技能4-2-6　骨髓穿刺技术 / 084
技能4-3　清创术 / 087
技能4-4　绷带包扎技术——环形包扎法 / 089
技能4-5　喂饲管技术 / 092
　　技能4-5-1　鼻饲管技术 / 092
　　技能4-5-2　食道饲管技术 / 093
技能4-6　封闭治疗技术 / 097
　　技能4-6-1　病灶周围封闭疗法 / 097
　　技能4-6-2　穴位注射法 / 098

技能 4-7　眼睛给药技术 / 100

技能 4-8　耳部给药技术 / 104

技能 4-9　雾化吸入疗法 / 107

技能 4-10　钡餐造影技术 / 110

技能 4-11　气管插管技术 / 112

技能 4-12　动物麻醉技术 / 114

技能 4-13　洁牙技术 / 116

　　技能 4-13-1　刷牙 / 117

　　技能 4-13-2　超声波洁牙技术 / 118

技能 4-14　上消化道内窥镜技术 / 120

技能 4-15　腹膜透析技术 / 122

　　技能 4-15-1　直接腹腔穿刺法 / 122

　　技能 4-15-2　手术埋置法 / 123

125 模块五　理疗技术

技能 5-1　针灸治疗技术 / 126

技能 5-2　激光治疗技术 / 128

技能 5-3　水疗技术 / 130

　　技能 5-3-1　药浴疗法 / 130

　　技能 5-3-2　水疗跑步机疗法 / 131

135 模块六　急救治疗技术

技能 6-1　吸氧技术 / 136

　　技能 6-1-1　常用吸氧技术 / 136

　　技能 6-1-2　氧气箱吸氧 / 137

　　技能 6-1-3　气管内插管吸氧 / 138

技能 6-2　心肺复苏技术 / 140

技能 6-3　中暑急救技术 / 142

技能 6-4　中毒急救技术 / 143

技能 6-5　安乐死技术 / 145

147 附　录

附录1　犬猫基本生理指标 / 147
附录2　犬猫体重与体表面积换算表 / 147
附录3　处方常用语缩写 / 148
附录4　给药记录单 / 149
附录5　常用输液液体成分表 / 150
附录6　犬猫输血记录表 / 151
附录7　麻醉协议书 / 152
附录8　犬牙齿象限图 / 153
附录9　宠物安乐死协议书 / 154

155 参考文献

模块一

兽医职业安全与防护

兽医工作过程中受生物性因素、物理性因素、化学性因素和心理因素等影响，容易危及从业人员的职业安全，造成职业损伤，甚至引发公共卫生事件。因此，要了解和熟悉兽医职业中的危险性因素，并做好安全防护。

1. 生物性因素

兽医从业人员在从事动物疾病的诊断、治疗、护理及实验室检验等工作过程中，不可避免地会接触到患病动物的体液，如排泄分泌产物和血液等含有病原微生物的污染物，从而增加感染和患病的风险。进入21世纪，生物性因素给兽医从业人员带来的职业风险越来越明显，应受到重视，如高致病性禽流感、布鲁氏菌病等。生物性因素是影响兽医职业安全最常见的因素，无论是政府职能部门，还是兽医从业人员均应该格外重视。

2. 物理性因素

在进行兽医执业活动过程中，由物理性因素造成的职业损伤也是非常普遍的。物理性损伤主要有锐器伤，被动物抓、咬等造成的创伤，以及电离辐射造成的潜在伤害。锐器伤包括针头、手术刀片、安瓿瓶等对操作人员造成的刺伤、划伤。电离辐射主要是摄片时X射线对工作人员造成的潜在伤害。

3. 化学性因素

化学性因素造成的伤害主要体现为工作场所日常所用的消毒液、生化检测试剂以及手术室里残留的气体麻醉药等。另外，药房里的工作人员在进行配药发药时，部分化学药品会沾染到皮肤上或吸入体内而造成潜在影响。

4. 心理因素

兽医在进行执业活动过程中，往往会受到来自动物及其主人等多方面的心理压力，尤其以宠物临床医生的压力更为明显。兽医在从事执业活动过程中，工作强度大、休息时间少、突发事件多、应激性强。因此，一定要做好职业防护。在平时执业活动过程中，宠物医院内部也要制定防护措施和规章制度，配备防护用品，加强防护教育。同时，兽医从业人员还要精炼技术，严格按照操作规程操作，提高自身专业素养和职业道德，提升自我心理调节能力。工作环境要勤开窗通风，加强空气流动。

技能 1-1
洗手

洗手，即手消毒，是用流动的水配合肥皂、洗手液等对手部进行冲洗、清洁的过程。洗手是避免疾病交叉感染、减少疾病传播最经济、最方便、最简单、最有效的方法。洗手可以有效减少手部细菌、病毒的数量，切断传播途径，保护身体健康。要想达到预期效果，正确洗手是关键。正确洗手是指使用流动的水，用肥皂或洗手液洗手，每次洗手应揉搓20s以上，确保手心、手指、手背、指根、指甲缝、手腕等处均被清洗干净。不方便洗手时，还可以使用含酒精的免洗洗手液进行手部清洁消毒。

在正常情况下，手部或多或少都会携带少量微生物，但是对兽医临床有影响的微生物主要是葡萄球菌和大肠杆菌，其中致病性和条件性致病菌株会对接触的动物造成意外伤害。另外，在日常诊疗活动过程中，动物与动物之间还可能会通过临床兽医的手造成病原微生物的传播，引起疾病在不同动物之间传播和流行。当然，在动物外科手术过程中，不认真刷洗和消毒手也可能引起手术创口感染。所以，在平常诊疗活动过程中，宠物医生必须养成规范的洗手习惯。

在临床上，兽医从业人员在下列情况下必须洗手：饭前饭后，便前便后，手上有可见的污物、脏迹，剪指甲后，接触患病动物前后，接触患病动物的分泌物、排泄物或血液后，接触无菌物品前，穿手术衣前，脱掉手套后，药房配药前后等。

目前，医学临床上洗手的方法比较多，在小动物临床上常用的洗手方法有七步洗手法和免洗消毒剂洗手法两种。洗手的根本目的是洗去手部的污物、碎屑和部分病原微生物，防止处于无菌状态的物品被手接触污染，避免动物交叉感染，减少疾病传播，保护人和动物健康。

技能 1-1-1　七步洗手法

 物品准备

肥皂，洗手液，流动的自来水，清洁毛巾等。

操作过程

① 用流动水打湿手,涂抹肥皂或洗手液,搓出泡沫,掌心相对,手指并拢相互揉搓5～10次,见图1-1(a)。

② 手心对手背,手指交错,双手交换进行相互揉搓5～10次,见图1-1(b)。

③ 两掌心相对,双手手指交叉,相互揉搓5～10次,见图1-1(c)。

④ 弯曲手指关节,在掌心旋转揉搓5～10次,然后双手交换重复,见图1-1(d)。

⑤ 用手握住另一只手的拇指(重点是拇指根部)旋转揉搓5～10次,然后双手交换重复,见图1-1(e)。

⑥ 将一只手的指尖放在另一只手的掌心旋转揉搓5～10次,然后双手交换重复,见图1-1(f)。

⑦ 握住手腕及腕上10cm部位,来回旋转揉搓5～10次,然后双手交换重复,见图1-1(g)。

七步洗手法

(a) 洗掌心

(b) 洗手背

(c) 洗指间

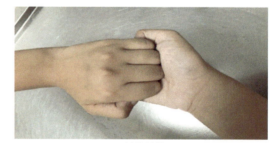
(d) 洗指关节

(e) 洗拇指

(f) 洗指尖

(g) 洗手腕

图1-1 七步洗手法

技能1-1-2 免洗消毒剂洗手

 物品准备

免洗消毒剂,清洁毛巾等。

 操作过程

① 摘掉手部和手臂部的首饰和装饰品。
② 确保双手无肉眼可见脏物和异物,若有则应按照七步洗手法进行洗手。
③ 用手背部按压1~2次免洗消毒剂喷头,或挤出2~3mL的免洗消毒剂于掌心。
④ 将免洗消毒剂涂抹在手部表面,并集中于指尖、指缝、手背以及拇指根部,因为这是最容易被忽视的部位。
⑤ 充分旋转揉搓手部每个部位,使免洗消毒剂在手部至少保留20~30s,直到免洗消毒剂干燥。
⑥ 在接触患病动物或其他物品之前,手必须完全干燥。

 注意事项

① 洗手时水流速度不可过大,以免溅湿工作服及其他物品。
② 洗手时间要充分,洗手部位要全面,注意指尖、指缝、拇指根部、指关节及皮肤褶皱等处的揉搓。
③ 洗手时要反复揉搓,使泡沫覆盖手部全部皮肤,流水冲洗时指尖向下。
④ 擦手毛巾要清洁干净,且不可与他人共用。

技能1-2
口罩的戴与摘

口罩，戴在口鼻部位，用于过滤进入口鼻的空气，以达到过滤或阻挡有害的飞沫、病原微生物等物质的作用，对预防呼吸道的疾病传播有重要意义。

口罩是一种卫生用品，多用在医疗临床上，也用于食品加工厂、高粉尘工作环境等领域。口罩的种类比较多，常见的有纱布口罩、一次性医用口罩、外科口罩和N95口罩等。其对病原微生物的防护级别由高到低依次是N95口罩、外科口罩、一次性医用口罩、纱布口罩。在宠物临床上，口罩主要用于下列场所：宠物医院公共场所、诊疗活动室、药房与病房、手术室等。最常用的是一次性医用口罩和外科口罩。

口罩的类型比较多，不同类型口罩的戴摘方法略有不同。佩戴口罩的目的是保护自己和他人以及宠物，防止含有病原微生物的气溶胶进入体内，或呼出的病原微生物污染其他物品和环境，造成人畜共患病的传播。

物品准备

一次性医用口罩，肥皂或洗手液，清洁毛巾等。

操作过程

① 洗净双手，拿起口罩，检查包装的完整性和有效期。

② 横向拿起口罩后，识别口罩的上下边和内外侧面。有金属条的一边为口罩的上边，褶皱向下的一面为口罩的外侧面，见图1-2。

③ 识别好口罩的上下和内外后，横向拿口罩，让口罩内侧面紧贴在面部口鼻处。

④ 用手将口罩两边的松紧绳分别挂在两耳根部，见图1-3（a）。

⑤ 用两手捏住口罩的上下边向上下方向拉伸，使口罩能完全覆盖住口鼻和下巴，见图1-3（b）。

图1-2　口罩外侧面

⑥ 用两手手指紧压鼻梁两侧金属条，使口罩紧贴鼻梁和面部，见图1-3（c）和（d）。

⑦ 口罩使用完毕后，双手捏住耳下缘部松紧绳的带子将口罩取下，丢弃到医用垃圾桶中。

口罩的戴与摘

(a) 松紧绳挂耳根

(b) 双手上下拉

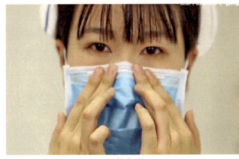
(c) 紧鼻夹

(d) 贴面部

图1-3　戴口罩

注意事项

① 接触口罩前要认真洗手和检查包装的完整性及有效期。

② 使用过程中口罩潮湿、破损或污物污染后要及时更换。

③ 一次性医用口罩的使用有效时间不超过4h。

④ 摘口罩时避免接触口罩外侧面，以防造成二次污染。

技能1-3
手套的戴与脱

医用手套在医学临床上使用非常广泛，分为外科无菌手套和普通检诊手套两类。外科无菌手套是无菌一次性使用手套，在宠物临床上主要用于外科手术、穿刺、创伤的处理以及食道饲管、胃导管等导管的放置等。普通检诊手套是非无菌的一次性使用手套，主要用于直接或间接接触患病动物、分泌物、排泄物及其他被污染的物品等。工作中戴上医用手套，能有效防止病原微生物通过手的接触传播。

临床上凡是能接触到患病动物的病理性排泄分泌物和体液的场所，以及在清洗笼子、检查台或接触疑似感染性物品时，均应戴医用手套。化验室、药房工作人员接触有细胞毒性物质和使用消毒剂时也应戴医用手套。

临床诊疗工作中戴手套的目的是避免病原微生物接触传播，保护宠物医生和宠物健康。无菌操作时戴外科无菌手套，可以保证操作的无菌性。

物品准备

一次性检诊手套，一次性外科无菌手套等。

操作过程

① 戴手套前应取掉手上的饰品，剪短指甲，认真洗净双手，并用清洁的毛巾擦干。

② 选择适合自己的手套型号，并查看有效期。型号不要过大或过小，过大容易脱落和操作不利索，过小容易破裂。

③ 按指示打开手套外包装袋，一只手捏住手套的翻折部边缘（手套的内侧面），另一只手套进去。

④ 用戴好手套的手指插入手套翻折部内侧（手套的外侧面），给另一只手戴上手套。

⑤ 若是进行外科无菌手术，则需将外科无菌手套的翻折处套在手术衣的袖口上，不能暴露出腕部皮肤。

⑥ 双手互相调整，直至手套完全与手部贴合。

⑦ 手套使用完毕，则要依照以下步骤及时脱掉。

⑧ 用戴着手套的手捏住另一只手套污染面的边缘将手套脱下。

⑨ 戴着手套的手握住脱下的手套，用脱下手套的手捏住另一只手套内侧面的边缘，将手套脱下，丢弃到医用垃圾桶中。

注意事项

① 戴与脱掉手套时，要严格区分污染面和清洁面，污染面严禁接触衣服和皮肤。

② 手套破损后要立即更换。

③ 脱掉手套后要及时洗手。

④ 戴着手套时不应该接触其他与诊疗无关的物体。

⑤ 每处理完一只动物就需要更换新的手套。

技能1-4
锐器伤的应急处理

锐器伤是一种由注射器针头、缝针、手术刀、剪刀及安瓿瓶等医疗锐器物造成的意外伤害。锐器伤是兽医临床上兽医执业人员职业损伤中常见的一种。其中针刺伤又是宠物临床上最常见的锐器伤。而且这些锐器往往都会接触到患病动物的血液,所以,锐器伤可能造成受伤人员感染血源性人畜共患病的风险。

宠物医学临床上造成锐器伤的原因是多方面的。主要原因不外乎兽医从业人员自我防护意识淡薄,注意力不够专注,临床操作技术不够规范和熟练,以及患病动物性情暴躁或保定人员保定不确实等。针对以上可能的原因,平时工作中要做好防护工作,提高自我防护意识,熟悉锐器的规范操作流程,工作期间禁止拿着锐器随意走动和对着他人,尤其是注射器针头绝对不能用双手回套针帽等。

本技术主要用于宠物临床上发生针头、手术刀或剪刀等锐器造成兽医从业人员意外受伤时。宠物临床上若发生锐器伤,则应按照下列应急流程进行处理。

物品准备

肥皂或洗手液,75%酒精棉球,2%碘伏,创可贴等。

操作过程

① 被锐器刺伤后,受伤者应保持冷静,不要恐慌。
② 若穿戴有手套,则应该按规程脱掉手套。
③ 从手指的近心端向远心端轻轻挤压创口,尽可能多地挤出创口血液。
④ 用流动的水对创口进行冲洗,最好同时配合肥皂一起反复冲洗,冲洗时间不少于5min。
⑤ 用2%碘伏溶液或75%酒精消毒创口及周围皮肤,根据创口具体情况选择是否包扎。
⑥ 根据接触动物的种类,选择是否接种狂犬病疫苗或破伤风疫苗。

锐器伤的应急处理

⑦ 报告老师，进行登记备案。

 注意事项

① 临床上在使用锐器时要小心，避免被锐器刺伤。
② 不要玩弄注射器针头，针头用完后不要折弯，不要试图用双手回套针帽。
③ 医疗锐器物不要丢入垃圾桶中，要放入指定的锐器盒内。
④ 工作场所不要拿着锐器随意走动。
⑤ 按要求打开安瓿瓶、密封瓶，防止玻璃、金属封口划伤皮肤。

技能1-5
动物抓伤、咬伤的应急处理

随着我们国家居民经济生活水平的不断提高,居民饲养宠物的种类和数量也越来越多,因此被动物舔舐、抓伤、咬伤而感染疾病的概率也随之增加。尤其是犬猫等宠物可以传染致死性的狂犬病和猫抓热,预防犬、猫抓伤、咬伤更应该引起从业人员的重视。动物咬伤、抓伤应急处理的目的是防止创口的感染,预防狂犬病、破伤风、布鲁氏菌病等人兽共患病传染给受伤人员,保护人身健康。

当在临床上或生活中遇到下列情况时,需做损伤的应急处理:被动物抓伤、咬伤,皮肤完整性被破坏时,其破损部位被动物舔舐或者接触了犬猫的唾液,创口被犬猫的血液污染时。

物品准备

肥皂,2%碘伏,75%酒精棉球等。

操作过程

被犬猫咬伤、抓伤后,要马上尽可能多地挤出创口血液(不可用嘴吸);或皮肤损伤部位被犬猫舔舐后污染了唾液,要及时擦去,并按下述步骤处理。

① 冲洗创口,用流动的水和20%的肥皂水交替冲洗创口,至少15min,可以边冲洗边挤压创口,彻底冲洗掉创口内残留的唾液和污物。

② 若创口较深,可用注射器针筒抽取生理盐水进行插入冲洗,尽可能把深部冲洗干净。

③ 创口冲洗干净后,涂布稀释好的碘伏(0.05%)或75%酒精对创口及周围皮肤进行消毒。

④ 犬猫抓伤、咬伤的创口一般不予缝合和包扎,若创口较大,可进行适当的创口修复。

⑤ 24h内务必到定点医院接受狂犬病疫苗注射,在咬伤后0.5h内去接种疫苗最为理想。

⑥ 实验室做好记录,备案。

动物抓伤、咬伤的应急处理

知识延伸
狂犬病暴露分级标准与处置指导意见

1. 分级标准

狂犬病暴露是指被狂犬、疑似狂犬或者不能确定是否患有狂犬病的动物咬伤、抓伤、舔舐黏膜或者皮肤破损处，或者是开放性创口、黏膜直接接触可能含有狂犬病病毒的唾液或者组织。此外，在罕见情况下，可以通过器官移植或吸入气溶胶而感染狂犬病病毒。

中国疾病预防控制中心办公室印发的《狂犬病预防控制技术指南（2016版）》中按照暴露性质和严重程度将狂犬病暴露分为三级。详见表1-1。

表1-1 狂犬病暴露等级分类

暴露分级	接触方式
Ⅰ级暴露	符合以下情况之一者： （1）接触或喂养动物； （2）完好的皮肤被舔； （3）完好的皮肤接触狂犬病动物或人狂犬病病例的分泌物或排泄物
Ⅱ级暴露	符合以下情况之一者： （1）裸露的皮肤被轻咬； （2）无出血的轻微抓伤或擦伤[①]
Ⅲ级暴露	符合以下情况之一者： （1）单处或多处贯穿皮肤的咬伤或抓伤（"贯穿"表示至少已伤及真皮层和血管，临床表现为肉眼可见出血或皮下组织）； （2）破损皮肤被舔舐（应注意皮肤皲裂、抓挠等各种原因导致的微小皮肤破损）； （3）黏膜被动物唾液污染（如被舔舐）； （4）暴露于蝙蝠[②]

[①] 首先用肉眼仔细观察暴露处皮肤有无破损；当肉眼难以判断时，可用酒精擦拭暴露处，如有疼痛感，则表明皮肤存在破损（此法仅适于致伤当时测试使用）；

[②] 当人与蝙蝠之间发生接触时应考虑进行暴露后预防，除非暴露者排除咬伤、抓伤或黏膜的暴露。

2. 暴露后处置

暴露后，根据暴露性质和严重程度，按照《狂犬病预防控制技术指南》要求进行处置。具体处置指导意见详见表1-2。

表1-2 暴露后处置指导意见

暴露分级	处理措施
Ⅰ级暴露	确认接触方式可靠则不需处置
Ⅱ级暴露	应当立即处理创口，按免疫程序接种狂犬病疫苗
Ⅲ级暴露	应当立即处理创口，注射狂犬病被动免疫制剂，按免疫程序接种狂犬病疫苗

注：狂犬病疫苗免疫接种程序：受伤后的当天（第0d）、第3d、第7d、第14d、第28d。

模块二

药物治疗技术

药物治疗技术是临床上应用最广的治疗技术。药物是指用于治疗、预防或诊断疾病的物质。兽药是指专门用于预防、治疗和诊断动物疾病或者有目的地调节动物生理功能的化学物质（含药物饲料添加剂）。在我国，蜂药、蚕药也列入兽药管理。药物是人类用来与疾病作斗争的重要武器，在保障人畜健康、提高患病有机体生命质量方面起着重要作用。

临床上药物的种类众多，按药物的来源主要有天然药物、人工合成和半合成药物、生物技术药物三大类。根据临床需要，人们将药物制成了不同的物理形态，即药物的剂型。药物的剂型包括液体剂型、固体剂型、半固体剂型、气体剂型四大类。不同剂型的药物决定了不同的给药途径，不同的给药途径影响了药物的吸收性能。药物吸收速度按给药途径从快到慢的顺序依次是：静脉注射吸入给药、舌下给药、直肠给药、肌内注射、皮下注射、口服给药、皮肤局部给药。静脉注射没有吸收过程，药物进入血液后即可直接发挥作用。

药物进入机体后，经过吸收、分布、代谢等过程，发挥药物的治疗作用，然后排出体外。药物的作用具有双重性，即防治作用和不良反应。临床治疗中，我们要充分发挥药物的防病治病作用，尽量减少和避免药物的不良反应。

技能 2-1
消化道给药

犬猫消化系统包括消化道和消化腺两部分。消化道是消化系统的重要组成部分，是一条自口腔延续至食道、胃、小肠、大肠到肛门的肌性管道，临床上常把口腔到十二指肠的这一段称为上消化道，空肠以下的部分称为下消化道。消化腺是分泌消化液的器官，主要有壁内腺和壁外腺两种。壁内腺分布于消化道各部的管壁内，壁外腺主要包括唾液腺、肝脏和胰脏。

消化系统的主要功能是完成食物的消化和吸收。可分为消化功能、吸收功能、转运功能和排泄功能，具体包括采食、咀嚼和吞咽，储存食物和水分，分泌消化液，吸收营养成分，维持体液及电解质平衡，排出废物等。因消化道的消化、吸收功能，所以在临床上可以经消化道给药用于治疗某些疾病。

消化道给药在宠物临床上应用非常广泛，具有如下优点：一是经济方便，免去动物主人每天往返动物医院为动物用药；二是可以同时进行多种药物给药；三是减少给动物带来侵入性损伤；四是可以较为长期的使用。当然，动物消化道给药也存在一定的缺点：一是有些动物在消化道给药时不配合或主人给药技术不过关，导致动物服药剂量不准；二是药物吸收不完全；三是部分药物有首过效应；四是药物起效慢，不适合急救；五是有些药物不适合动物通过消化道给药。

目前，在宠物临床上常用的消化道给药方式主要有口服给药和直肠给药（灌肠给药）两种。

技能 2-1-1　口服给药

口服给药是指经口投于固体或液体药物，然后经胃肠道吸收进入血液，通过血液循环到达局部或全身组织，达到治疗疾病的目的。临床上常将难溶于水或不易制成注射液的药物用于口服给药。在宠物临床上有时也用于协助疾病的诊断，如灌服钡餐等。

宠物临床上不是所有情况下均可以采用口服给药。有下列情况时是不能进行口服给药的：一是患病动物有吞咽困难、持续性呕吐现象；二是动物患急性胰腺炎；三是患病动物食道和胃肠道阻塞，或者一周内做过食道手术，或者12~24h内做过胃肠道手术；四是患病动物头部或颈部有创伤；五是动物处于昏迷或意识不清时；六是其他严禁进食的情况。

一、口服固体药物

 物品准备

复合维生素B片，投药器，实验用犬（猫）。

 操作过程

① 核对药物的名称、剂量、给药途径和次数，确认给药动物。
② 让动物站立或蹲坐在操作台上，并使其嘴巴稍微朝向前上方。
③ 操作者洗手、消毒。
④ 用营养膏润滑药片或胶囊（本步骤可省略）。
⑤ 操作者用右手的食指和中指夹住药片，见图2-1（a）。

口服固体药物

(a) 夹取药片

(b) 打开口腔

图2-1 固体药物徒手喂药

⑥ 将左手放在猫（或犬）鼻梁上面，拇指和食指从上唇两侧插入上猫（或犬）齿后，用力捏住口腔上部并向上稍微倾斜，打开口腔，见图2-1（b）。

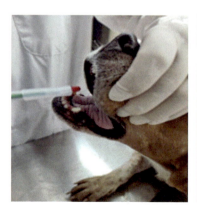
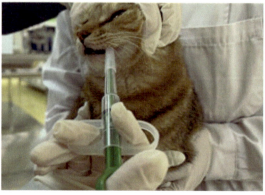

图2-2 固体药物投药器喂药

⑦ 用持药片手的其余三指下压下切齿，尽可能使口腔张开。

⑧ 快速将药片放入舌根左侧咽喉部，或用投药器将药物投入咽喉部（见图2-2），并立即从口腔中撤出手来。

⑨ 迅速闭合口腔，并按摩几次颈部腹侧，或对着动物鼻孔吹气，也可给予适量的水，引导动物吞咽药片，确保将药片吞下。

⑩ 做好给药记录。

⑪ 收拾整理操作台，垃圾按要求分类处理。

二、口服液体药物

 物品准备

2mL注射器针筒，液体药物，实验用犬（猫）等。

 操作过程

① 核对药物的名称、剂量、给药途径和次数，确认给药动物。

② 让动物站立或蹲坐在操作台上，并使其嘴巴稍微朝向前上方。

③ 操作者洗手、消毒。

④ 操作者用注射器抽取2mL液体药物。

⑤ 操作者用一只手托住动物的嘴巴，使其嘴巴稍微向上。

⑥ 将注射器针筒（拔去针头）从嘴角伸进口腔内，慢慢将药物推进口腔，见图2-3。

⑦ 推药时速度一定要慢，否则药液会从口腔中流出，造成给药剂量不准。

⑧ 做好给药记录。

⑨ 收拾整理操作台，垃圾按要求分类处理。

口服液体药物

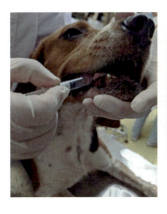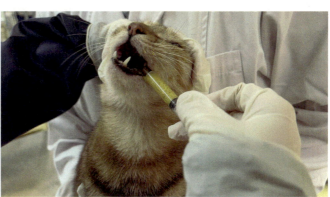

图2-3　液体药物喂药

注意事项

① 打开口腔时要注意自身安全。
② 服药时间最好在饲喂前后30min。
③ 给药后,要观察一段时间,以防药物被动物吐出来。
④ 液体药物服用时速度要慢,以免药物从口腔中流出造成浪费和给药剂量不准。
⑤ 打开动物口腔或使用投药器喂药时动作要轻柔,以防造成动物口腔损伤。
⑥ 给药后要及时洗手和消毒。

技能2-1-2 直肠给药

直肠给药又称灌肠给药,是指通过肛门将药物送入肠管,通过动物肠黏膜迅速吸收进入血液循环,发挥药物的治疗作用。直肠给药是兽医临床上常用的治疗动物全身性或局部疾病的一种给药方法。直肠给药的主要方法有三种:保留灌肠法、直肠点滴法、栓剂塞入法。

动物的肠壁组织是具有选择性吸收功能和排泄功能的半透膜,具有丰富的毛细血管网,血液循环旺盛,吸收力强。直肠给药同样具有很多优点:一是直肠给药方便、快捷,并可减少动物的痛苦;二是直肠给药的生物利用度高,药物显效快;三是便于不易接受注射和口服给药的幼龄患病动物给药。当然,直肠给药也存在一定的不足,如直肠给药吸收不规律,在直肠空虚时用药效果较好,反之则效果不理想。另外,若直肠给药量多时,需给药液加温等。对于宠物临床上,由于猫的大肠壁薄,一般不进行大剂量直肠给药。

直肠给药在临床上主要用于下列情况:清除结肠内的积粪,缓解肠胀气;治疗全身性疾病或幼龄动物的补液;治疗动物的便秘;排除肠道内的毒物和毒素等有害物质,辅助治疗中毒性疾病;用于犬肛周炎的治疗;为结肠镜检查做准备,或进行结肠造影剂的灌注。

直肠给药的目的是排除结肠内的粪便或毒物,给予幼龄动物或不能通过静脉进行补液的动物补充液体,给予阳性造影剂,增强X影像对后腹部或会阴部的检查识别效果。

 物品准备

实验用犬,水溶性润滑剂,水,不锈钢小盆,新洁尔灭消毒液,检查手套,灌肠管,50mL注射器,灌肠液(温水、甘油和水混合液、中性肥皂水、生理盐水、市售灌肠剂等)。

操作过程

① 操作前检查动物是否有腹痛或溃疡性结肠炎的迹象（如出现腹痛），排除小肠穿孔或阻塞的可能。

② 助手将犬站立或俯卧保定于操作台上，并适当抬高动物后躯。

③ 将灌肠管靠近动物体侧，测量灌肠管的插入长度，见图2-4。

④ 肛门周围皮肤清洁后，用0.1%新洁尔灭消毒液消毒周围皮肤。

⑤ 助手提前将准备好的温热灌肠液抽吸于50mL注射器内备用，也可置于容器内备用。

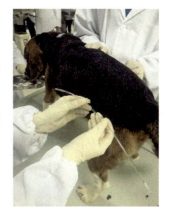

图2-4 测量灌肠管插入长度

⑥ 操作者戴上手套，用润滑剂润滑灌肠管前端。

⑦ 将灌肠管前端轻柔地插入肛门，并缓慢向前直至插入直肠预定的深度，见图2-5（a）。

⑧ 用手挤紧肛门，以防灌入的液体流出。

⑨ 用50mL注射器抽取灌肠液缓慢注入，更换注射器时需要将灌肠管折住，见图2-5（b）。

直肠给药

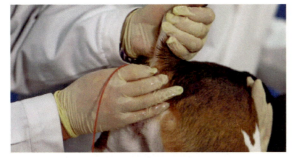

(a) 灌肠管插入肛门

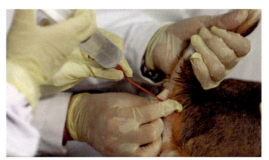

(b) 注入灌肠液

图2-5 直肠给药

⑩ 灌肠液注射完后拔除灌肠管时不要马上松开闭塞肛门的手。

⑪ 若是灌肠给药，则限制宠物活动；若是排除粪便和毒物，则强制其活动。

⑫ 若用钡剂进行结肠造影，则须将动物麻醉，使其处于侧卧姿势，然后将钡剂（20～30mL/kg）灌入结肠内，进行不同体位摄片。

⑬ 在整个灌肠期间，要密切观察动物灌肠后的反应。

⑭ 所有操作结束后，清洗动物身体后躯部位，并用电吹风吹干。

⑮ 在宠物病历及给药记录单上注明已给灌肠液的名称及剂量。

⑯ 收拾整理操作台，垃圾按要求分类处理。

注意事项

① 动物结肠壁薄，灌肠管插入时动作要轻柔，避免造成肠壁的损伤和穿孔。
② 掌握直肠给药指征，腹泻严重的患病动物不适宜直肠给药。
③ 直肠给药后务必让药物在肠道内保留足够时间，保证药物充分吸收。
④ 灌肠尽量避免有强刺激性和腐蚀性的药物。
⑤ 灌肠所用液体必须加热到38℃左右，以防引起动物体温降低或肠痉挛。
⑥ 因猫的结肠壁比较薄，临床上一般不主张给猫进行灌肠给药。

技能 2-2
注射给药

 知识前导

1. 注射给药的原则

注射给药是指将无菌药液注入体内，以达到预防和治疗疾病的目的。其优点是吸收快且安全，血药浓度迅速升高，进入体内的药量准确，可避免被消化液破坏。缺点是伴有组织损伤、疼痛、潜在并发症以及不良反应迅速出现，处理相对困难。

在宠物临床上，常用的注射给药方法有皮下注射、肌内注射、静脉注射、腹腔注射等。注射给药在操作时，要比消化道给药的操作过程要求严格。临床上所有的注射给药均要遵循一定的原则。

（1）严格遵守无菌操作原则　做到注射环境清洁，操作人员要洗手，注射部位皮肤要进行消毒，注射器的针头必须保持无菌，防止感染发生。

（2）严格执行查对制度　注射前做好三查七对工作，具体是：三查是指操作前查、操作中查、操作后查。三查的内容一是查药品的有效期、配伍禁忌；二是查药品有无变质、混浊；三是查药品的安瓿瓶有无破损，瓶盖有无松动。七对指的是：查对笼号、查对宠物名字、查对药名、查对剂量、查对时间、查对浓度、查对用法。

（3）严防交叉感染　做到一只动物一套物品，操作台要及时清洁消毒，一次性物品应按规定放置处理。

（4）选择合适的注射器和针头　根据注射途径、药物剂量、药物类型（水剂、油剂）和药物刺激性强弱选择注射器和针头。一次性注射器的包装应密封，并在有效期范围内，方可使用。注射器应完好无损，确保注射器和针头衔接必须紧密。注射刺激性较强的药物时，宜选用较长、较粗的针头，且进针要深。

（5）选择合适的注射部位　注射部位应避开大的神经、血管，不可在有炎症、化脓、硬结、瘢痕及患病皮肤处进针。长期注射者，应经常更换注射部位。药物剂量大者，可实施分点注射，以减轻对动物的刺激。

（6）注射药物现用现配　注射药物应按规定现用现配，立即注射，防止药物效价降低或被污染。需低温保存的药物用后要及时放回冰箱保存。

（7）排尽空气，忌浪费药物　注射前必须排尽注射器内空气，防止空气进入血管形成栓塞。排气时尽量避免浪费药液，注射器应指向上方，不可对着人进行排气。

（8）检查回血　注射进针后，在注射药物前应先回抽活塞，检查有无回血。动、静脉注射必须见有回血后方可注入药物。皮下、肌内注射，如发现有回血，则应拔出针头重新进针，不可将药液注入血管内。

（9）尽量无痛操作　在给动物注射时可以呼唤动物的名字或抚摸其耳根部，对其安抚，分散动物的注意力，使其身心放松。药物注射时做到两快一慢，即进针、拔针要快，注射药物要缓慢。

（10）先后顺序要分明　在注射多种药物时，先注射刺激性较弱的药物，然后再注射刺激性较强的药物，同时要注意配伍禁忌。

宠物临床上，在选择注射给药前，要对注射给药进行一定的评估：一是根据患病动物的病情、给药目的和药物性能，评估给药的途径是否恰当；二是评估并选择合适的注射部位，注射时避免损伤神经、血管，禁止在有损伤、炎症、硬结、瘢痕等患处进针注射；三是评估患病动物对药物注射的敏感性和耐受性；四是询问宠物主人，该宠物以前注射用药的反应，有无异常情况发生，有无焦虑或恐惧等问题。

注射给药是一种侵入性操作，对动物机体正常组织具有一定程度的损伤性和刺激性，会引发动物机体做出相应的生理性或病理性反应，形成并发症。一是动物机体注射部位有疼痛感，刺激性强的药物还可引起局部组织感染，甚至坏死。二是动物机体可能会对注射成分产生过敏反应，既有速发型过敏反应，又有迟发型过敏反应，所以，临床注射给药后要留观15min左右。三是当动物进行肌内注射时，有可能造成神经损伤等意外情况发生。所以，在注射时，注射点的定位很重要。四是当动物进行胸腹腔注射时，有可能注射到脏器内造成肺脏、心脏、肝脏、脾脏等胸腹腔器官损伤或引起严重的胸膜炎、腹膜炎等病理性损伤。

2.注射器的使用

注射器是一种常见的医疗用具，使用注射器的针头可以抽取或者注入气体或者液体。注射器的种类包括金属注射器、玻璃注射器、一次性塑料注射器三种，金属、玻璃注射器可以用高压灭菌器进行消毒灭菌后重复使用。一次性塑料注射器成本低、使用安全，有效减少了疾病交叉传播的风险，所以，目前医学临床上塑料注射器是最常用的注射器类型。

注射器的使用

在国内宠物医学临床上，注射器（见图2-6）的规格主要有1mL、2mL、5mL、10mL、20mL、50mL、100mL。

一个完整的注射器是由乳头、空筒、活塞、活塞轴、活塞柄五部分构成，见图2-7。

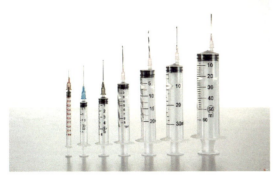

图2-6 不同规格注射器

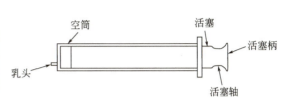

图2-7 注射器结构示意图

注射器针头由针尖、针梗和针栓三部分构成,见图2-8。针头规格的分类有国内和国际两种分类标准,现在宠物临床上基本上都是采用的国际标准。按针头分类的国际标准,宠物临床上常用的针头型号主要有14G、16G、18G、20G、22G、24G、26G,见图2-9。型号与针头直径大小成反比,即型号越大,针头的直径越小。

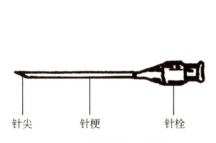

图2-8 针头结构示意图

图2-9 不同型号针头

临床上选择注射器时,要选择注射器容积比注射药物剂量稍大的注射器,这样可以在注射时回抽,便于观察是否将药物注射入血管内。针头规格的选择取决于药物的黏性和该药物的注射速度。黏性越大的药物,使用型号越小的针头;要求药物的注射速度越快,选择的针头型号越小。针头长度的选择取决于药物注射的深度,如皮薄的动物皮内或皮下等表浅注射选用短针头,肌内注射则要选用长针头。

宠物临床上在使用注射器注射时,有两种持针方式:平握式和执笔式,见图2-10。可根据具体的注射部位选用合适的持针方式。

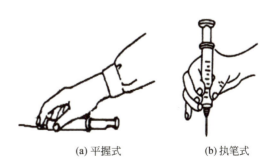

图2-10 持针方法

技能2-2-1　药液抽取

注射药液应按规定现用现配，即时抽取，立即注射，防止药物效价降低或被污染。临床上注射用药物大都封装在密封的安瓿瓶或玻璃瓶内，见图2-11。在临床应用时，结晶、粉剂要先用注射用溶剂进行溶解，完全溶解后才能抽取，如头孢曲松钠注射液。混悬液要先充分摇匀后再抽取，如醋酸曲安奈德注射液。油剂则要加温或用两手相对揉搓后再抽取，如抗真菌1号注射液。

图 2-11　密封瓶和安瓿瓶

药液抽取

一、安瓿瓶内抽取

物品准备

安瓿瓶，酒精棉球，砂轮，注射器。

操作过程

在抽取安瓿瓶内的液体药物时，一般要按照下面的顺序依次进行操作。

三查七对→弹药→消毒→锯安瓿瓶→再消毒→折断→抽取→排气→旋紧→备用

① 拿到药物核对无误后，即可将安瓿瓶尖端药液弹至体部（图2-12），用酒精棉球消毒安瓿瓶颈部，用砂轮在安瓿瓶颈部划痕，见图2-13（a）。

② 然后拭去细屑，重新消毒，用手折断安瓿瓶颈部（注意防止划伤皮肤），见图2-13(b)和（c）。

③ 注射器针尖斜面向下、刻度向上，伸入安瓿瓶内的液面下，抽动活塞进行吸药。吸药时

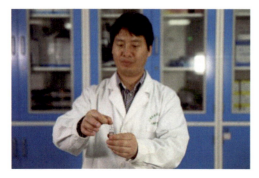

图 2-12　核对与弹药

不得用手握住活塞，只能持活塞柄，见图2-14。

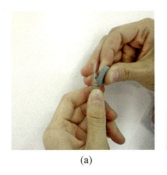
(a)

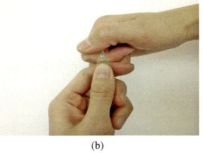
(b)

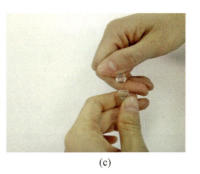
(c)

图2-13　折安瓿瓶

④ 抽取好药液后，针尖向上，轻拉活塞使针头中的药液抽入注射器内，并使气体聚集在乳头处，缓慢推动活塞，排净气体，见图2-15。

⑤ 旋紧针头后，即可进行注射给药。

图2-14　抽药　　　　　　　　　图2-15　排气

二、密封瓶内抽取

 物品准备

密封瓶，镊子，酒精棉球，注射用水，注射器。

 操作过程

在抽取密封瓶中的液体药物时，同样，也要按照一定的顺序进行操作，具体步骤如下。

三查七对→开盖→消毒→注气→抽取→排气→旋紧→备用

① 药物核对（见图2-16）无误后，用镊子除去铝盖中心部分，用75%酒精棉球消毒

瓶塞，并用注射用溶剂充分溶解后备用。

② 往密封瓶内注入与抽取药液等量空气，见图2-17。

③ 将密封瓶底部倾斜朝上，回抽注射器活塞抽取所需药液剂量后，拔出针头。

④ 将针尖向上，轻拉活塞使针头中的药液流入注射器内，并使气体聚集在乳头处，缓慢推动活塞，排出气体（排净空气，同时尽量避免造成药物浪费）。

⑤ 将针头旋紧后，即可进行注射给药。

图 2-16　核对药物

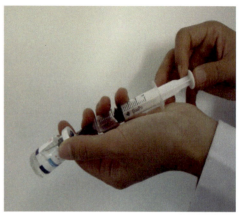

图 2-17　往密封瓶内注入等量空气

技能 2-2-2　皮内注射

皮内注射是将少量药液注射于表皮和真皮之间的一种给药方法。在动物临床上使用不是非常广泛，但在宠物临床上偶尔会用到。皮内注射多选择在颈侧中部、耳背部以及胸腹侧等不易摩擦及舔咬的部位。

皮内注射在宠物临床上主要用于犬过敏原的检测、结核菌素变态反应试验和局部麻醉。

 物品准备

1mL无菌注射器，过敏原，无菌生理盐水，无菌纱布，电推剪，实验用犬，游标卡尺等。

 操作过程

① 由助手进行动物保定，使实验用犬侧卧在操作台上。或根据操作者的需要，使犬处于有利于注射的姿势。

② 选择注射部位，根据需要可选择颈侧中部1/3处、耳背部以及胸腹部。

③ 注射部位剃毛，根据临床需要，确定剪毛区域的大小和形状（长方形或正方形），尽量暴露皮肤。

④ 用无菌湿纱布尽可能擦去残留的毛发。

⑤ 用记号笔在注射部位做好编号或标记，见图2-18。

⑥ 用左手食指和拇指绷紧要注射部位皮肤，右手持注射器，使注射器与皮肤呈0°～15°夹角，将针头斜面向上刺入皮内，进针深度以整个针尖斜面进入皮肤为宜，注入0.1mL稀释的待测过敏原，局部可观察到圆形隆起，见图2-19。

⑦ 拔出针头，不可以按揉注射部位，以防影响结果的观察。

⑧ 按时进行观察、测量，并做好记录。

⑨ 整理操作台，垃圾按要求分类处理。

皮内注射

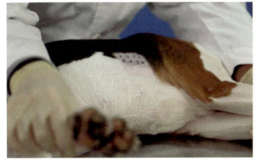

图2-18 做标记

图2-19 皮内注射

 注意事项

① 注射部位不可以用碘制剂或其他有色消毒剂消毒，不利于观察局部反应。

② 临床上做皮内过敏原测试时，一定要做好标记和记录，以防将结果混淆。

③ 皮内注射时，进针不可过深，角度不可过大，以防针头穿出皮肤或将药液注入皮下。

技能2-2-3 皮下注射

皮下注射是指将少量药液注入皮下疏松结缔组织的给药方法，也是临床上常用的注射给药方法。皮下血流量比肌肉少，吸收速度比较缓慢。皮下注射给药后，经毛细血管吸收，一般10～15min后出现药效。因此，临床上急救时，通常不采用此种给药途径。

临床上有时为了达到长时间缓慢吸收的目的，常将药物埋植于皮下。易溶解、无刺激性的药物及菌苗、疫苗可以采取皮下注射。不易溶解、刺激性强的以及油剂类的药物不适宜用皮下注射。

皮下注射通常选择在皮肤松弛、皮下组织丰富的部位进行。宠物临床上，多选择在颈部、前背部、股内侧进行。

物品准备

75%酒精棉球，砂轮，无菌生理盐水，一次性无菌注射器，药物，一次性手套，实验用犬等。

操作过程

① 做好注射前的准备工作，包括准备好消毒用品，抽取好药物及排气等。
② 助手可以将动物以站立、俯卧或者坐立姿势进行保定，以方便注射者操作为宜。
③ 选择好注射部位后，用酒精棉球消毒注射部位皮肤。
④ 以左手的拇指和中指将皮肤轻轻捏起，形成一个褶皱，并用食指轻微按压形成三角形凹窝，见图2-20（a）。
⑤ 右手持注射器，调整注射器，使其刻度、针头斜面向上，并与皮肤呈10°～30°夹角，快速刺入皮下，刺入深度约1.5～2cm（针头的2/3），见图2-20（b）。
⑥ 针头刺入后回抽注射器活塞，若无回血，即可将药液注入，见图2-20（c）。若有回血，应拔出注射器，另选部位重新刺入。
⑦ 注射完毕后，快速拔出针头，用干棉球轻轻按摩注射部位。
⑧ 做好给药记录。
⑨ 清理并消毒操作台，将废弃物分类放入处理盒和垃圾桶内。

皮下注射

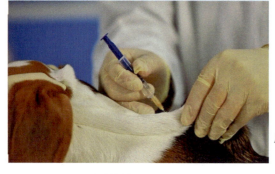

(a) 注射部位

(b) 皮下注射示意图

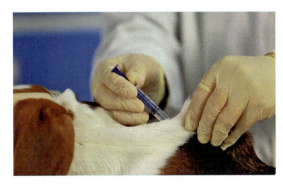
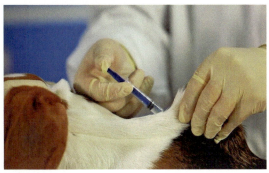

(c) 回抽与注射

图 2-20 皮下注射

注意事项

① 针头刺入角度不宜大于45°，以免刺入肌肉层。
② 尽量避免刺激性大的药物进行皮下注射。
③ 多次注射者，应更换注射部位，轮流注射。
④ 注射少于1mL的药液时，必须用1mL注射器，以保证注入药液剂量准确。
⑤ 注射用药后，最好留观15min，观察有无药物过敏反应发生。

技能2-2-4　肌内注射

肌内注射是将一定量的药物注入肌肉组织的一种给药方法。肌内注射为临床上常用的给药方法。肌注给药的吸收速度取决于注射部位的血管分布、药物的解离度和脂溶性、注射的剂量、溶液的渗透压及其他因素等。以油剂为溶剂的药物在肌肉组织中形成一个贮存库，药物在此缓慢释放吸收，可以延长药物持效时间，减少给药次数。当给药量大时，可进行分点肌内注射。

因肌肉内血管丰富，药物注入后吸收较快，一般经5～10min即可出现药效，仅次于静脉注射。油剂、混悬液、刺激性较大的药物、较难吸收的药物，均可进行肌内注射，但氯化钙、高渗盐水等不能进行肌内注射。

犬猫肌内注射时，首选后肢肌群，见图2-21。有时也会选择在臂三头肌肌群进行注射，偶尔选择在腰椎两旁的腰背肌（最后肋骨和髂骨嵴之间，正中线旁2～3cm处，见图2-22）等部位进行肌内注射。当进行后肢肌内注射时要注意避免刺伤坐骨神经。

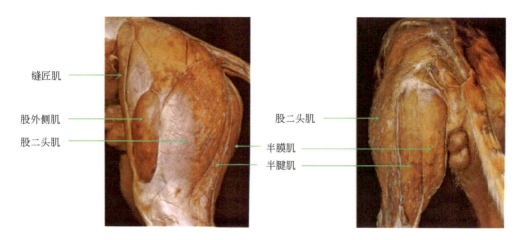

图 2-21 犬后肢肌群

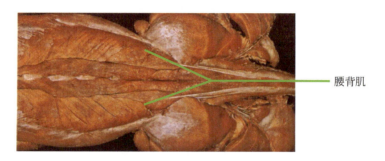

图 2-22 犬腰背肌

肌内注射适用于不宜或不能做静脉注射，或要求比皮下注射更迅速产生疗效，或注射刺激性较强药物或药物剂量较大的情况。

物品准备

75%酒精棉球，砂轮，一次性无菌注射器，无菌生理盐水，实验用犬等。

操作过程

① 做好注射前的准备工作，包括准备好消毒用品，抽取好药物等。

② 助手辅助保定动物，根据注射的需要，可以让动物以站立、坐立或侧卧姿势保定。猫可用猫包或毛巾保定。

③ 根据临床需要和动物的具体情况，选择合适的注射部位，如：后肢的半膜肌半腱肌肌群（见图 2-23）或腰背肌（见图 2-24）。

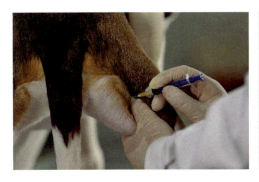
图 2-23 后肢注射

图 2-24 腰背肌注射

④ 注射部位皮肤用75%酒精棉球消毒。
⑤ 将注射器垂直皮肤，快速刺入肌肉，刺入深度约2～3cm。
⑥ 针头刺入肌肉后回抽注射器活塞，观察有无回血现象。
⑦ 如果有回血，则应拔出注射器，另选部位重新刺入。
⑧ 如果没有回血，即可进行肌内注射。
⑨ 注射完毕后，拔出针头，用干棉球轻轻按摩注射部位。
⑩ 做好给药记录。
⑪ 清理并消毒操作台，将废弃物分类放入处理盒和垃圾桶内。

肌内注射

注意事项

① 对于患有严重凝血功能障碍的动物应避免使用肌内注射。
② 应避免在有炎症、硬结、疼痛处注射。
③ 后肢肌内注射时，应避免伤及坐骨神经。
④ 若需多次注射，注射部位应交替轮换。
⑤ 勿将针头全部刺入肌肉，防止针头折断。
⑥ 药物剂量较大时，应进行分点注射。

技能2-2-5　静脉注射——使用头皮针

静脉注射是指将药液直接注射到静脉血管内的方法。其优点是药物无吸收过程，能迅速进入血液，作用快，剂量易控制，可用于急救给药。静脉注射为给药最安全的方法，对排泄快或代谢快的药物特别适用，同时也适用于不易从胃肠道或组织中吸收的药物，以及吸收前易被破坏的药物，甚至是一些有刺激性的药物。一般在大量补充体液或使用作用强烈的药物时，可采用静脉注射给药。

静脉注射的缺点是药物一旦进入血管后无法撤回。静脉注射太快可引起循环或呼吸系统不良反应。静脉注射的并发症主要包括静脉炎、静脉栓塞、不当治疗导致的电解质异常、体液过载、局部感染以及败血症等。

动物注射部位一般选择在颈静脉（小型幼年犬或猫）、前肢的头静脉、后肢外侧的隐静脉、跖背侧静脉及内侧隐静脉等，见图2-25。

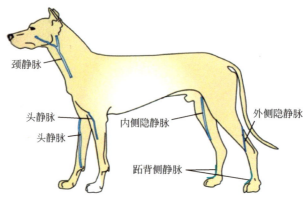

图2-25 犬浅表静脉

宠物临床上静脉注射主要适用于下述情况：一是动物不能进食或禁食时；二是动物发生了大出血、休克等严重危及生命时；三是某些药物易被消化液破坏或不被胃肠道吸收，或其他给药途径刺激性较大时；四是动物发生了严重感染；五是动物发生中毒时。

宠物临床上静脉注射的目的主要包括以下几个方面：一是给动物输入药物，治疗疾病；二是用于纠正动物的水和电解质代谢紊乱，调节和维持酸碱平衡；三是给患病动物补充营养，供给能量；四是促进动物体内毒物的排出；五是利尿消肿，缓解临床症状；六是增加动物的血容量，维持血压正常。

物品准备

75%酒精棉球，电推剪，砂轮，注射器，无菌生理盐水，一次性无菌注射器，止血绷带，透气胶带，头皮针，一次性手套等。

操作过程

① 做好注射前的准备工作，包括准备好消毒用品、透气胶带、止血绷带等。
② 助手保定动物，使动物坐立或俯卧于操作台上。
③ 以前肢头静脉为例，助手使其前肢伸展，暴露静脉穿刺部位，并在肘关节上方扎止血绷带，使前肢头静脉充血膨胀，见图2-26（a）。

④ 用电推剪沿血管走向剃毛后,穿刺部位常规消毒处理,见图2-26(b)。

⑤ 操作者右手持头皮针翼部,左手握住要进行穿刺的前肢,做好进针准备,见图2-26(c)。

⑥ 使针与皮肤呈15°～20°,先刺入皮下,然后刺入静脉,见回血后,再将针梗缓慢推进血管内,见图2-26(d)。

⑦ 根据需要进行静脉注射和静脉输液,见图2-26(e)。

⑧ 注射完毕后,用无菌棉球按压并拔出针头,并继续按压1～2min,确认无出血后方可让动物离开。

⑨ 做好给药记录。

⑩ 清理并消毒操作台,将废弃物分类放入处理盒和垃圾桶内。

静脉注射
——使用头皮针

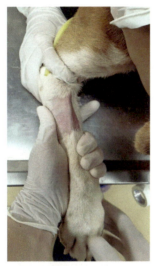

(a) 扎止血绷带

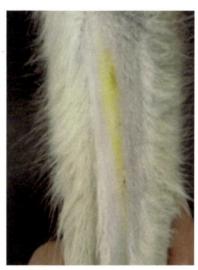

(b) 穿刺部位消毒

(c) 进针

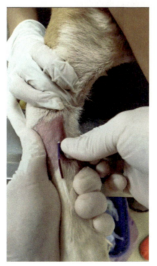

(d) 回血

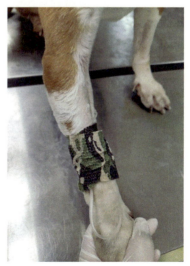

(e) 输液

图2-26 使用头皮针输液

技能2-2-6 腹腔注射

腹腔注射是指将药物注入胃肠道浆膜以外、腹膜以内的注射技术。因腹膜的面积大和吸收能力强，其吸收速度与肌内注射相当。并且可接受大剂量液体药物，操作相对于静脉注射要容易些。常用于中小动物补液和在动物实验中给药。多在心脏衰弱、血液循环障碍、静脉注射有困难时采用。临床应用时要注意所给药物不应有刺激性，剂量大时应加温，且药液一般应为等渗或低渗，以防引起动物不适。

腹膜是一层光滑的浆膜，分为壁层和脏层，两层之间是一个密闭的空腔，即腹膜腔。腹膜面积很大，大约等于体表皮肤的总面积。腹膜毛细血管和淋巴管多，吸收能力强。利用腹膜这一特性，将药液注入腹膜腔内，经腹膜吸收进入血液循环，其药物作用的速度，仅次于静脉注射。

优点：一是操作方便，宠物不论大小都可腹腔注射；二是吸收能力强，吸收面积大，吸收速度快，可直接吸收入血；三是腹腔补液时间短，速度快。

缺点是易导致器官损伤，细菌进入腹腔时可引起难治性腹膜炎。另外，不是所有药物都适用于腹腔注射，如钙剂、油剂、不等渗溶液等。

腹腔注射部位一般选择在脐孔和骨盆前缘连线的中点、腹白线区域，见图2-27。

在临床上腹腔注射适用于静脉注射困难而又需注入大量药液或补液，或幼龄动物、严重脱水的动物的补液，或无法施行静脉穿刺的动物用药，以及腹膜炎的治疗等。

物品准备

一次性无菌注射器，75%酒精棉球，2%碘伏棉球，温热的无菌生理盐水，抗生素注射液，实验用犬，一次性手套等。

操作过程

① 做好注射前的准备工作。
② 助手保定动物，可以让动物以侧卧姿势保定。
③ 剃去脐孔和骨盆前缘连线的中点、腹白线旁2cm范围内的毛发。
④ 注射部位充分消毒，即先用碘伏消毒3次，后用酒精棉球消毒3次。
⑤ 将注射器与腹腔皮肤呈45°刺入皮肤，依次穿透腹肌及腹膜，当刺破腹膜时，有落空感，并能感觉到针尖部分可以自由移动，见图2-28。

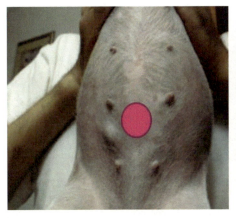 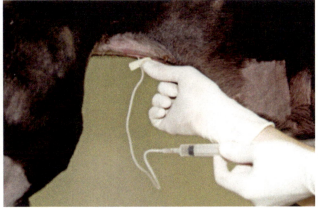

图 2-27　腹腔注射部位　　　　　　　图 2-28　腹腔注射

⑥ 回抽注射器活塞，若无血液、尿液及肠道内容物，即可将药液缓慢注入腹腔。

⑦ 注射完毕后，拔出针头，局部用碘伏消毒。

⑧ 做好给药记录。

⑨ 清理并消毒操作台，将废弃物分类放入处理盒和垃圾桶内。

腹腔注射

注意事项

① 严禁往腹腔内注入高渗液体。

② 当注射的液体量较大时，要将药液加温至38℃左右，以防引起痉挛性腹痛。

③ 药物剂型为油乳剂、混悬液和半固体药物时不宜腹腔注射。

④ 当膀胱积尿时，应该先压迫排尿，待膀胱排空后再进行腹腔注射。

模块三

输液治疗技术

模块知识

1.输液疗法

输液疗法在宠物临床疾病治疗上应用广泛，是纠正机体脱水和治疗疾病的理想给药途径，主要用于补充水分及电解质，纠正水、电解质和酸碱失衡；补充营养，供给热量；输入药物，治疗疾病；增加循环血量，改善微循环，维持血压；输入脱水药，降低颅内压，利尿消肿。

在小动物临床上，如果病宠出现了呕吐、腹泻、饮食欲废绝、鼻端干燥、眼球凹陷、皮肤弹性降低、体重减轻、口腔黏膜发干发黏，或者检查显示血红蛋白和红细胞比容数值升高。这些变化均提示动物机体发生了脱水，脱水发生时往往都会伴有酸碱平衡紊乱，此时就需要对动物机体进行输液治疗。

宠物临床上，在评估动物是否需要输液疗法以及具体输液方法时，一般要考虑动物是否需要补液，补哪种类型的溶液，通过哪种途径，应该输多少剂量的液体，输多长时间等问题。

（1）输液治疗的途径 输液治疗的给药途径分为传统途径和非传统途径两种。传统途径主要包括口服、皮下注射和静脉注射。非传统途径主要包括腹腔内注射、骨髓腔注射和直肠灌注三种。

① 口服途径 口服途径是最符合正常生理需求的途径，还可给予高张性溶液。口服途径补液相对安全，可用液体范围广，操作简单方便。但是，口服途径吸收慢，不适合急性大量补液用，另外，呕吐严重的患病动物也不适用。

② 皮下注射途径 皮下注射水与电解质吸收较慢，可用于脱水程度较轻的犬猫或幼龄犬猫，也可作疾病恢复期的维持补液。皮下注射途径所用的溶液必须是等渗溶液，无刺激性，若补给的液体量较多，需分点注射。若通过皮下注射途径补充钾离子时，氯化钾的浓度最高可至35mEq/L。但是，休克或者末梢循环不良的患病动物不适用皮下注射途径。皮下注射途径也不适宜单独注射葡萄糖溶液。皮下注射途径禁用于患脓皮症的动物。

③ 静脉注射途径 静脉注射途径是最佳给药途径，水与电解质吸收最快，适合各种液体给药，在临床上最常采用。对急性或严重体液流失的患病动物可长时间大剂量补液，在休克急救时发挥重要作用。

（2）静脉输液 静脉输液是利用大气压和液体静压原理将大量无菌液体、电解质、药物由静脉输入体内的治疗方法。在宠物临床上使用广泛，优点突出。通过静脉输液可以快速达到药物的有效治疗浓度，并可持续恒定维持疗效所需的浓度。当药物刺激性大，不适合皮下或肌内注射给药时，均可通过静脉途径给予。静脉输液可以迅速补充动物所丧失的体液，还可以输注氨基酸、脂肪乳等静脉营养品，以快速恢复机体体能。

当然，静脉输液也有缺点。表现为静脉输液时药物过量或滴注速度过快，易产生不良反应，甚至危及生命。若静脉输液持续过量输注，易造成循环负荷过重或电解质失衡。宠物临床上，静脉输液容易造成药液外渗，尤其是刺激性大的药液外渗，可造成局部静脉炎或皮肤坏死等病理性损伤。

（3）静脉输液部位　宠物临床上，在进行静脉输液时，可选用的体表浅静脉较多。犬猫临床上常用的部位有前肢的头静脉，颈静脉，后肢的外侧隐静脉、内侧隐静脉、跖背侧静脉，其中以头静脉最为常用。

① 头静脉　头静脉注射一般选择在前肢腕关节以上、肘关节以下的区域，此段头静脉位于前臂背侧皮下，稍偏内侧，见图3-1。针头易于固定，是比较理想的静脉输液部位。

② 颈静脉　颈静脉注射一般选择在颈静脉沟上1/3与中1/3交界处，此处颈静脉较浅，紧贴皮下，暴露明显，见图3-2。临床上多用于幼龄动物或严重脱水（静脉注射困难）的患病动物补液。

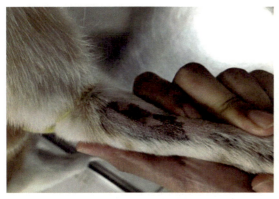

图3-1　头静脉

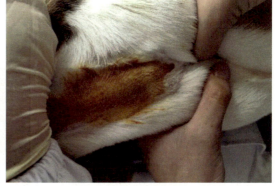

图3-2　颈静脉

③ 外侧隐静脉　外侧隐静脉位于跗关节外侧，在跗关节上方皮下，见图3-3。外侧隐静脉在皮下移动性比较大，进行静脉穿刺时易滑动，造成穿刺失败。

④ 内侧隐静脉　位于股内侧皮下，见图3-4。在近心端稍加压迫即可明显暴露出来，临床上对于猫多在此静脉部位进行穿刺采血。

⑤ 跖背侧静脉　位于后肢跖背面上，是由来自脚趾之间的足底静脉汇聚而成。

（4）输液原则　在宠物临床上要执行静脉输液治疗时，就要遵循输液原则。输液原则可简单概括为先晶后胶、先盐后糖、宁酸勿碱、见尿补钾、惊跳补钙、定量、定性、定速。即在进行输液时先输入生理盐水、林格液等晶体溶液，然后再输入球蛋白、脂肪乳等

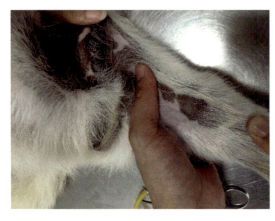

图 3-3　外侧隐静脉

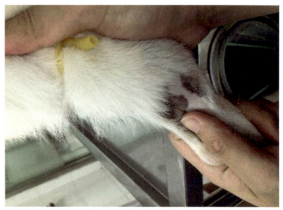

图 3-4　内侧隐静脉

胶体溶液。先输入生理盐水或林格液等盐类，然后再补充5%或10%的葡萄糖溶液。机体在酸性环境下，氧与血红蛋白的亲和力小，容易解离而有利于组织供氧，酸性环境还可以通过刺激外周化学感受器来刺激呼吸。机体在无尿或少尿状态下，应严禁补钾，避免发生高钾血症。惊跳往往是由于缺钙引起的，所以惊跳要补钙。所谓定量、定速就是避免输液液体量过大或在短时间内输入过多，引起心力衰竭或急性肺水肿；定性就是确定输液的种类，即缺什么补什么。

（5）常用输液溶液的种类　宠物临床上，当患病宠物通过临床检查和实验室检查后，即可对患病宠物做出初步诊断。若根据宠物病情需要，必须进行输液治疗时，则要先考虑选择什么种类的溶液进行输液，以及不同种类的溶液之间如何进行配伍。下面就简单介绍一下常用输液溶液的种类。

① 晶体溶液　晶体溶液是一种以水为基质，内含盐或糖的溶液，并添加了一定的离子等电解质。晶体溶液分子量小，在血管内存留时间短，在临床上主要用于维持细胞内外水分相对平衡，纠正体内水、电解质失衡。宠物临床上常用的晶体溶液有0.9%氯化钠溶液、5%葡萄糖溶液、林格液、乳酸林格液和5%碳酸氢钠溶液等。

10%氯化钾溶液：宠物临床上当动物发生剧烈的呕吐、腹泻时，除了导致大量的H^+、Cl^-、Na^+丢失外，还会造成K^+的丢失，引起动物神情淡漠、肌肉无力、胃肠蠕动减弱、心律不齐和血压下降等临床指征。针对H^+、Cl^-、Na^+的缺失，可以通过常规液体补充，但是对于K^+的丢失，则需要通过补充10%氯化钾溶液来获取。在具体操作时，要遵循"见尿补钾、少量缓输"的原则，并且要将10%氯化钾稀释到K^+浓度为0.3%以下才能缓慢输注。

5%碳酸氢钠溶液：宠物临床上主要用于严重肾脏病、循环衰竭、心肺复苏、体外循环及严重的原发性乳酸中毒、糖尿病酮症等代谢性酸中毒等的治疗。另外，5%碳酸氢钠溶液可以碱化尿液。用于尿酸性肾结石的预防，减少磺胺类药物的肾毒性，以及急性溶血防止血红蛋白沉积在肾小管。但是，在具体临床输注时要分步给予，切记不可输注过量。

② 胶体溶液　胶体溶液分子量大，无法轻易通过血管壁，在血管内存留时间长，促使血管内容积扩张，能有效维持血浆胶体渗透压，增加血容量，改善微循环，提高血压。宠物临床上常用的胶体溶液有右旋糖酐溶液、羟乙基淀粉、全血、新鲜冷冻血浆、20%甘露醇溶液等。

③ 静脉高营养液　静脉高营养液一般是由氨基酸、脂肪酸、维生素、矿物质、高浓度葡萄糖或右旋糖酐以及水分组成，通过静脉输注的方式给予患病动物。主要是为不能进食的患病动物机体提供能量，补充蛋白质，维持氮平衡并补充各种维生素和矿物质。宠物临床上常用的静脉高营养液有20%脂肪乳、50%葡萄糖溶液、复方氨基酸溶液等。

（6）输液量计算　动物输液量是指患病动物在24h内所需输入体内的液体总量。主要由三个部分组成，即维持动物基本生命活动的维持量、动物因患病造成的损失量和动物的脱水量。由于动物呼吸过度、喘、出汗而造成的液体损失量则忽略不计。维持量，即每日需要量，是动物24h内以尿液、不显性蒸发等形式自然丢失而必须补充的量，一般猫与小型犬可给予60mL/(kg·d)，大型犬则给予40mL/(kg·d)。损失量是指动物因呕吐、腹泻的病理丢失量，如不明显可按0计算。

① 输液量计算公式

$$输液量 = 维持量 + 损失量 + 脱水量$$

② 维持量计算公式

$$维持量 = 体重 \times 50\text{mL}/(\text{kg·d})$$

③ 脱水量计算公式

$$脱水量 = 体重 \times 脱水程度$$

（7）静脉输液速度　输液原则上是速度越慢越好。在宠物临床上，在确定输液速度时，一般是参照动物的体型、输注液体的种类、输液途径以及治疗目的进行综合考虑。比如，一般脱水情况，输注晶体溶液的速度，犬是20mL/(kg·h)，猫是10mL/(kg·h)；若是动物处于休克状态，输注晶体溶液的速度，前1~2h犬可达到90mL/(kg·h)，猫是45~60mL/(kg·h)，以后进入维持输液状态，即10~20mL/(kg·h)。动物在麻醉时会给予输液以防止低血压及维持肾脏的灌流，速度为5~10mL/(kg·h)，而重大的探查性手术则为10~15mL/(kg·h)。如果输注液体中含有钾离子的话，则就要保持慢速输液状态，即输液速度不能超过0.5mEq/(kg·h)。

当然，常规输液时，可以参照下面公式调节输液速度。

$$滴速（滴/\min） = \frac{液体总量（\text{mL}） \times 滴系数}{输液时间（\min）}$$

式中，滴系数是指每毫升溶液的滴数，滴/mL。

（8）输液反应 输液反应是动物在静脉输液过程中出现的非正常性机体反应，输液过程中如果出现，需要立即进行处理。宠物临床上常见的输液反应有以下几种。

① 发热反应 发热反应是输液中最常见的一种反应，动物表现为寒战、发热、烦躁不安等。发热反应多是由于输入致热原，输液瓶清洁消毒不完善或再次被污染，保管不善，或是输液管表层附着的硫化物等所致。输液过程中若出现了发热反应，轻者可减慢输液速度，重者须立即停止输液，高热者给予物理降温等处理措施。

② 急性肺水肿 肺水肿主要是由于输液量过大或输液速度过快所致。动物突然出现呼吸困难、咳嗽、呼吸急促、鼻孔流出清亮液体，听诊肺部有湿啰音，心率快，心律不齐。发现后应立即减慢输液速度或停止输液，注射呋塞米（1~2mg/kg），临床症状严重者可给予吸氧处理。

③ 静脉炎 静脉炎是由于静脉穿刺时消毒不严格，留置针埋置时间过长，输注药物浓度高、刺激性强，或药液漏至皮下所致。临床表现为穿刺部位静脉红肿，甚至皮肤溃烂。预防措施是在静脉穿刺时严格执行无菌操作，对刺激性强的药物要充分稀释后再输注，针头固定要牢固，避免药物漏至皮下。当临床上需要长时间输液时，可四肢轮换，定期更换注射部位。

④ 药物过敏 在输液过程中，如果动物出现药物过敏反应，立即停止输液，注射地塞米松1~2mL。严重者或者休克的动物，静脉注射肾上腺素，并给予吸氧处理。

2.输血疗法

输血是临床上常用的一种补充动物血液或血液成分安全有效的治疗和抢救措施。在宠物临床上应用日渐普遍，是挽救小动物生命的一种替代性治疗方法。输血不仅能补充血容量，而且增多的红细胞能增加携氧量，改善心肌和脑的功能。输入的血液制品包括全血、浓缩红细胞、新鲜冷冻血浆、冷沉淀物、血小板和中性粒细胞等。输血主要用于急性失血、贫血或血液循环系统衰竭，寄生虫性慢性失血和在手术中过度失血，以及用于血小板不足或凝血功能障碍，低蛋白血症等。另外当供血犬采取过相应的免疫时，其血液制品对犬细小病毒、犬瘟热病毒可产生特异性的抵抗力。

宠物临床上，输液疗法主要应用于以下情况的治疗：

① 各种原因引起的贫血。

② 手术、车祸等外伤引发的大失血。

③ 剧烈呕吐、腹泻引起的血容量降低。

④ 动物老年性疾病。

⑤ 血小板和凝血因子缺乏引起的凝血不良。

⑥ 华法林类鼠药中毒。

⑦ 白细胞减少症和低蛋白血症等病症。

⑧ 血液寄生虫病及免疫性贫血等。

(1) 输血的标准 在宠物临床上，对于输血并没有统一的标准。一般是对动物的临床症状和实验室检查结果进行评判后做出是否需要进行输血治疗的判断。但是，如果符合下列一种或几种条件往往就会建议主人给爱宠进行输血治疗。

① 循环血量减少超过30%。

② 血细胞比容小于20%。

③ 持续性出血。

④ 黏膜苍白。

⑤ 毛细血管充盈时间大于2s。

⑥ 有呼吸急促和心动过速等症状。

(2) 理想的供血动物 成年犬血液占体重8%～9%，成年猫血液占体重6%～7%，幼龄动物血液占体重可达10%。理想的供血动物，应该是性格温和、健康无病、营养良好、不肥胖、经过常规免疫和驱虫、红细胞比容（犬>40%，猫>35%）和血红蛋白（犬>130g/L，猫>110g/L）均正常的。成年理想供血犬体重25kg以上，年龄在2～6岁，采血量不超过总血量的20%，即犬每千克体重可采血15～20mL。供血猫也应温顺，体重4kg以上，年龄在1～7岁，每千克体重可采血10～15mL。

采血最好在封闭的环境下进行，必须无菌操作，以防细菌污染血液。采血部位要剪毛，先用75%酒精消毒，然后再用2%碘伏消毒。利用重力或真空抽吸作用，直接把血液采入采血袋内。犬采血多选择在颈静脉或股动脉，大型犬可在前肢头静脉，一般不需要镇静。猫采血多数需要先用镇静类药物镇静，选择在颈静脉采血。最简单的方法是使用装有抗凝剂的50mL注射器，一般可采血30～50mL。

(3) 血液配对 宠物临床上，输血前应给犬猫做配血试验。输血前进行血型鉴定或交叉配血试验可以检验输血是否相合，用以预防受血动物输血后产生输血反应。在紧急输血情况下，如果犬是第一次输血，可以不做配血试验。但是，如果受血犬过去曾被输过不明血型的血液或需多次输血，必须做交叉配血试验，否则易产生输血反应。

① 血型配对 红细胞血型是指动物红细胞表面含有特异性的抗原，它是一种遗传的性状，是由若干个相互关联的抗原抗体组成的血型体系，称为血型系统。目前发现犬至少有13种红细胞血型，但只有DEA系统的DEA1.1、DEA1.2（犬类DEA1血型组，包括DEA1.1和DEA1.2）、DEA3、DEA4、DEA5、DEA7血型有意义。猫仅有一个AB红细胞血型系统，包括血型A、血型B和血型AB三种。但这三种血型与人的血型无关。宠物临床上，在紧急情况下给犬猫进行输血时，可以按血型快速配对进行（如图3-5，表3-1），但在非紧急情况时，仍然需要进一步做交叉配血试验。

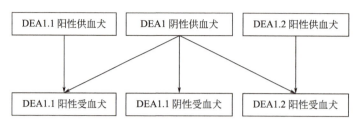

图 3-5　犬血型快速配对图

表 3-1　猫血型快速配对表

受血猫血型	供血猫血型		
	A	B	AB
A	√	×	×
B	×	√	×
AB	√	√	√

② 交叉配血试验　交叉配血试验可以分为主侧配对和次侧配对两部分。主侧配对是受血犬的血浆和供血犬的红细胞相混合，次侧配对是受血犬的红细胞与供血犬的血浆相混合。任何程度的凝集或溶血反应都表明血型不相容，两者不能进行输血。

（4）输血量计算　犬猫的输血量是根据下面的公式计算而来的。

$$输血量(mL) = 体重(kg) \times 90 \times \left(\frac{预期PCV - 受血者PCV}{供血者PCV} \right)$$

注：PCV 是指红细胞比容（红细胞压积）。

（5）**静脉输血速度**　静脉输血速度一般应小于 10mL/(kg·h)，输血最初 30min 一定要慢，大约为 0.25mL/(kg·h)，如果输血过程中动物表现正常，可以逐步加快输血速度，因为血液必须在 4h 内输完。一般情况下血液制品不用预热，但冷藏的血液制品需要回温至动物体温范围。若输血速度达 50mL/(kg·h)，则必须预热。输血过程中犬猫如果出现荨麻疹，则立即停止输血。

（6）**输血并发症及其防治**　动物输血的并发症主要有发热和过敏、溶血、循环负荷过重、低钙血症、血凝病等。

① 发热和过敏　主要表现为高热、红斑和瘙痒等症状。临床处理措施为减慢输血速度，给予退热剂，应用抗组织胺药物，如盐酸苯海拉明，剂量为 2mg/kg。

② 溶血　主要表现为血红蛋白血症、血红蛋白尿症、乏力、呕吐、发热、心动过速、急性肾衰和凝血等症状。如果发生溶血反应，应立即停止输血，给予静脉输液以及皮质类固醇和抗组胺药物。

③ 循环负荷过重　是由于输血量过大造成的，可以引起肺水肿，一般注射呋塞米溶液进行缓解治疗，用量为2～4mg/kg。

④ 低钙血症　输入大量含柠檬酸盐抗凝剂的血液可使犬产生低钙血症，犬临床表现为肌肉震颤、心律不齐或者呕吐。发生上述症状应停止输血，一般可用葡萄糖酸钙治疗。

⑤ 血凝病　大量输入全血或浓缩红细胞可以造成犬产生血凝病，可用富含血小板的血浆进行治疗。

技能 3-1
静脉输液技术——使用留置针

静脉留置针又称静脉套管针,见图3-6。它是由不锈钢的芯、软的外套管及塑料针座三部分组成,留置针结构的具体名称见图3-7。穿刺时将外套管和针芯一同刺入血管,当外套管进入血管后,抽出针芯,仅将柔软的外套管留在血管中。

图 3-6 留置针

留置针的外套管柔软,不易损伤血管,可以保证输液时动物的安全。留置针可避免重复穿刺血管,减轻患病动物的痛苦,保护血管,减少药液外渗;可以使动物在

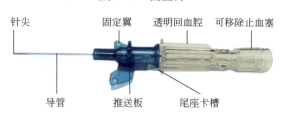

图 3-7 留置针结构示意图

输液时感觉更为舒适自如,能进行一定的自由活动;方便安排给药时间,可用于多次输液和静脉穿刺困难的动物,经济实惠。留置针可进行快速给药,为抢救动物争取了治疗时机。这样既可以提高临床工作效率,又可以减轻动物主人的经济负担。

除了会熟练进行留置针埋置尚不够,还要学会如何配制和使用封管液,防止外套管内血液凝固。宠物临床上,有两种封管方法,一种是肝素盐水封管法,另一种是生理盐水封管法。肝素盐水封管法就是将含10~100U/mL肝素生理盐水溶液2~5mL缓慢注入肝素帽内。生理盐水封管法就是将5~10mL生理盐水溶液缓慢注入肝素帽内。

关于留置针护理问题,在宠物临床上要做好三点:一是每次输液完成后要往肝素帽内注入2~5mL肝素生理盐水稀释液或5~10mL生理盐水溶液进行封管;二是每次开始输液前应先推注5~10mL生理盐水进行冲管;三是每次输液前后均应仔细检查留置针及固定绷带有无潮湿、污物等,并询问动物主人动物有无异常表现。

留置针在体内留置的时间一般为3~5d,最好不超过一周,应尽早拔针,减少感染的机会。在动物临床上选用留置针时,一般尽量选择较短和较小的型号,即能满足输液要求即可就好。

宠物临床上,留置针型号大小的选择主要依据动物的具体情况来决定。小动物临床上常用部分留置针/头皮针大小规格见表3-2。

表 3-2　留置针/头皮针大小规格选择参考表

留置针型号	头皮针型号	颜色	流速	应用
24G	5#		19～25mL/min	小型犬，猫
22G	7#		33～36mL/min	中型犬
20G	9#		55～65mL/min	大型犬，输血
18G	12#		76～105mL/min	手术室

物品准备

酒精棉球，电推剪，砂轮，注射器，无菌生理盐水，肝素生理盐水溶液，一次性输液吊瓶，止血绷带，透气胶带，彩色胶带，留置针，一次性手套等。

操作过程

① 做好注射前的准备工作，包括准备好消毒用品、透气胶带、止血绷带等。

② 输液吊瓶内加入适量的无菌生理盐水和药物，并排出输液软管中的空气；肝素帽内提前注入肝素生理盐水溶液。

③ 助手保定动物，使动物坐立或俯卧于操作台上。

④ 以前肢头静脉为例，助手使其前肢伸展，暴露静脉穿刺部位，并在肘关节上方扎止血绷带，使前肢头静脉充血膨胀，见图3-8（a）。

⑤ 沿前肢头静脉血管走向，用电推剪剃毛，注射部位按常规消毒处理。

⑥ 严格无菌操作，左手紧握前肢，右手用拇指和中指捏住留置针透明回血腔部位，使针与皮肤呈15°～20°，直刺静脉，见图3-8（b）。见回血后再继续进针2mm左右，然后用右手食指轻推留置针推送板，使外套管进入血管，并后退针芯少许，见图3-8（c）。

⑦ 松开止血绷带，助手用拇指按压在留置针外套管上见图3-8（d）；拔出针芯，旋上肝素帽见图3-8（e）。

⑧ 先用一段透气胶带固定留置针的两翼[图3-8（f）]，再用其余两段透气胶带彻底固定好外套管和肝素帽[图3-8（g）]，最外层用彩色胶带固定[图3-8（h）]。

⑨ 用2mL无菌生理盐水冲洗留置针，确定通畅后进行输液，见图3-8（i）。

⑩ 打开输液调速器进行输液，或者连于输液泵上进行输液。

⑪ 输液过程中，要定时观察动物的状态，以防有异常反应发生。

⑫ 输液完毕后，将2mL无菌肝素生理盐水溶液注入肝素帽内，并用彩色胶带完全覆盖住肝素帽。

⑬ 做好给药记录。

⑭ 清理并消毒操作台，将废弃物分类放入处理盒和垃圾桶内。

注意事项

① 注射前，应严格执行查对制度和无菌操作原则。

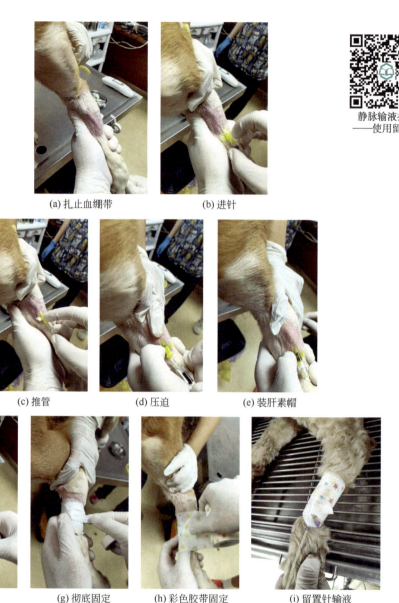

图 3-8 静脉输液

② 埋置静脉头皮针、留置针时，必须以无菌方式操作。

③ 注意保护血管，先从静脉远端开始。

④ 注射前要排净注射器或输液软管中的空气。

⑤ 若同时静脉注射两种及两种以上药物，应注意有无配伍禁忌。

⑥ 注射葡萄糖酸钙、甘露醇、高渗盐水等有强烈刺激性的药物时，应防止漏于血管外。若漏出血管外，则可以向周围组织注入生理盐水或蒸馏水以减轻刺激和促进吸收。

⑦ 幼龄犬猫进行大量静脉输液时，应做好液体的加热保温工作。

⑧ 根据患病动物的具体情况，控制好输液的速度和剂量，不能过快和过量。

⑨ 静脉输液过程中要注意监护，观察动物的表现，防止肺水肿、急性心力衰竭等意外情况发生。

知识延伸
脱水

1. 脱水的识别

脱水是指机体在某些情况下，由于水钠的摄入不足或丢失过多，以致体液总量明显减少的病理现象。宠物临床上，常将脱水分为三个类型，即高渗性脱水、低渗性脱水、等渗性脱水。高渗性脱水又称缺水性脱水或单纯性脱水，是指以水分丧失为主而盐类丧失较少的一种脱水，主要原因是饮水不足、失水过多。临床上动物表现为口渴、尿少和尿的比重增加等。低渗性脱水又称缺盐性脱水，是指钠的丢失多于水分丢失。动物表现为无口渴感、尿量较多、尿比重降低。等渗性脱水又称混合性脱水，是指体内水分和盐类都大量丧失的一种脱水。

清楚了动物的脱水类型，可以指导临床上输液种类的选择。但是，如何计算动物的脱水量呢？脱水量的计算与动物的脱水程度相关。临床上常根据动物脱水后的表现，将脱水程度分为四个级别，见表3-3。然后根据脱水程度计算出动物的脱水量。

$$脱水量 = 体重 \times 脱水程度$$

表3-3 动物脱水程度与表现

级别	脱水程度	动物表现
Ⅰ	<5%	不显症状，尿较浓
Ⅱ	5%～8%	皮肤略松弛，回血时间略长，见第3眼睑
Ⅲ	8%～10%	皮肤明显松弛，回血时间长，眼窝下陷
Ⅳ	10%～12%	皮肤不回弹，寡尿、无尿，休克

2. 酸碱平衡紊乱

动物机体内环境的酸碱度必须保持相对恒定，才能保证细胞正常代谢和生理活动的正常进行，这种内环境酸碱度的相对恒定称为酸碱平衡。机体在正常代谢过程中，会不断产生酸性和碱性物质，另外，还有一定量的酸性或碱性物质随着饲粮进入机体内。那么，动物机体是通过怎样的方式进行调节呢？原来，机体酸碱平衡的调节主要是通过血液的缓冲系统、肺脏、肾脏、组织细胞四方面进行的。

（1）**血液的缓冲系统** 是由弱酸及弱酸盐组成的缓冲对，分布于血浆和红细胞内，这些缓冲对共同构成血液的缓冲系统。血液中的缓冲对共有碳酸盐缓冲对、磷酸盐缓冲对、蛋白缓冲对、血红蛋白缓冲对4种。其中，碳酸盐缓冲对是体内最强大的缓冲对，作用最强，故临床上常用血液中这一对缓冲对的量代表体内的缓冲能力。

（2）肺脏的调节　肺可通过改变呼吸运动的频率和幅度，增加或减少CO_2的排出量以控制血浆中H_2CO_3的浓度，从而调节血液的pH值。

（3）肾脏的调节　肾脏是酸碱平衡调节的最终保证。因为只有CO_2可以通过呼吸排出体外，而其他如乳酸、丙酮酸、β-羟丁酸、乙酰乙酸等均为非挥发性酸，最终均需通过肾脏进行调节。肾脏主要通过排酸（H^+）、产氨和重吸收$NaHCO_3$进行调节。

（4）细胞的调节　组织细胞对酸碱平衡的调节作用，主要是通过细胞内外离子交换实现的。当细胞间液H^+浓度升高时，H^+弥散入细胞内，而细胞内等量的K^+移至细胞外，以维持细胞内外离子平衡。进入细胞内的H^+可被细胞内缓冲系统处理。当细胞间液H^+浓度降低时，上述过程则相反。

在动物机体病理状态下，许多病理性因素可破坏这种平衡而引起酸碱平衡紊乱，造成动物机体出现酸中毒（代谢性酸中毒、呼吸性酸中毒）或碱中毒（代谢性碱中毒、呼吸性碱中毒）。动物机体表现出物质代谢障碍、生理功能失调，甚至导致动物死亡。

宠物临床上，酸碱平衡紊乱的诊断是通过测定血、尿pH值和血浆CO_2结合力来确定的。正常血液pH值犬7.31～7.42、猫7.24～7.40，犬猫尿pH值5～7，犬猫血浆CO_2结合力为17～24mmol/L。临床上当检测数值超出正常范围时，即可判定为酸碱平衡紊乱，临床治疗中就需要对此进行纠正。但是，需要指出的是补碱不可过量，因为机体对酸碱平衡有一定的调节作用。尿pH值的变化可以作为评判治疗效果的指标。

技能 3-2
注射泵的使用

注射泵是一种能将少量药液精确、均匀、持续地泵入体内，维持体内一定药液浓度，调节迅速、方便的新型医疗仪器。注射泵在小剂量或微量给药时具有精度更高、给药更均匀、流速脉动更小等优点。注射泵的种类一般分为一道泵、二道泵和多道泵三种。

注射泵在宠物临床上常用在临床上需要严格控制输液速度和给药剂量时，如胰岛素、升压药、抗心律失常药物等；或动物镇静止痛与持续麻醉维持时；或给动物输注血液及血液制品时。临床上使用注射泵的目的主要是保证给药剂量准确、速度均匀和调节迅速，满足少量给药精度的要求。

物品准备

微量注射泵，50mL一次性无菌注射器，延长管1根，无菌生理盐水，头皮针，75%酒精棉球等。

操作过程

① 将注射泵固定在输液架上，接通电源，打开电源开关，检查注射泵性能是否完好。
② 将延长管一端与抽好药液的注射器乳头紧密连接，另一端与头皮针连接，并排除管内空气。
③ 将注射器正确安装在注射泵上。
④ 根据要求，设置好"输液量、输液速度"等参数。按注射泵"快进"键进行再次排气。
⑤ 用酒精棉球消毒留置针肝素帽后，将头皮针插入肝素帽内准备输注药物。
⑥ 确认参数设置无误后，按"开始"键进行输注药物，见图3-9。
⑦ 当"结束"键闪烁报警后，按"静音"键，取出注射器，拔出头皮针，按住电源开关3s关机，切断电源。

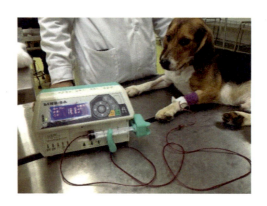

图 3-9 注射泵输液

⑧ 做好给药记录。

⑨ 整理注射泵，消毒操作台，按要求进行垃圾分类，并投入垃圾桶中。

技能 3-3
输液泵的使用

输液泵通常是机械或电子的控制装置,其通过作用于输液导管达到控制输液速度的目的,见图3-10。输液泵是一种能够准确控制输液滴数或输液流速,保证药物能够速度均匀、药量准确并且安全地进入病患体内发挥作用的仪器。

输液泵是一种智能化的输液装置,输液速度不受身体内压力和操作者影响,输注准确可靠,有助于降低临床护理工作强度,提高输注的准确性、安全性以及护理质量。

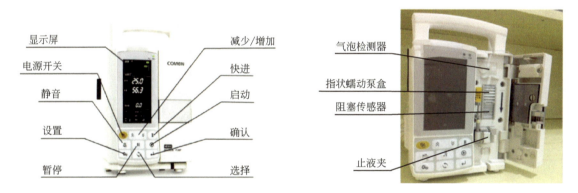

图3-10 输液泵

宠物临床上,输液泵主要用于手术室、住院室、输液室等输液;或输注需严格控制输液速度和剂量的药物,如升压药、抗心律失常药物、抗凝血药等;镇静与麻醉的维持,以及临床上给动物输血等。

物品准备

输液泵,静脉输液系统,实验用犬,无菌生理盐水等。

操作过程

① 用输液泵背后的固定夹将输液泵调整到适宜的高度,并固定在输液架上,旋紧旋钮。
② 将机器自带的电源线插入仪器后面的电源接口,另一端接到220V插座上,打开电

源开关。

③ 将泵门中部扳手从右侧扳至适当高度，泵门自动弹开，"开门"灯亮。按照输液泵操作说明打开泵门，按下止液夹，将输液管嵌入凹槽内拉直，关上泵门。

④ 输液流速设置：先选择流速单位"mL/h"或"滴/min"，按输液流速栏"∧"或"∨"键，直到显示的数值为要求的流速值为止。

⑤ 快进：在停止状态按"快进"键是将药液快速充盈输液器或者是将输液器中的药液、气泡排出管外，或者是清洗输液器，此时不统计排出的药量。在运行状态按"快进"键，是短时间快速输液，此时统计输液量，释放按键，按原流速输液。

⑥ 启动：按"启动停止"键，启动指示灯亮，开始输液。

⑦ 停止：按"启动停止"键，启动指示灯灭，报警消除，停止输液。

⑧ 清零：在停止状态下，按"清零"键，累计输液量被清除。

⑨ 使用完毕后，做好记录。

输液泵的使用

输液泵常见故障及处理方法

（1）气泡报警

① 故障原因：管路中有气泡，溶液瓶或袋内液体已输完。

② 处理方法：打开泵门取出输液管，排出气泡，或更换新输液管。

（2）电池低电压报警

① 故障原因：电池或蓄电池电量不足，电池充电出现故障或无效。

② 处理方法：连接交流电源，或更换同类型电池。

（3）压力、阻塞报警

① 故障原因：流速调节器未松开，输液管打折或缠绕或血块阻塞留置针外套管。

② 处理方法：松开流速调节器，解除输液管打折或缠绕，清除血块，松解止血绷带，将输液肢伸展拉直。

技能3-4
配血与输血

技能3-4-1　交叉配血试验

物品准备

EDTA抗凝的供血犬和受血犬的新鲜血液，1.5mL离心管，离心机，试管，无菌生理盐水，3.8%柠檬酸钠，载玻片。

操作过程

方法1：分别取供血犬和受血犬的新鲜血液（EDTA抗凝）

① 将供血犬、受血犬的血液分别放入标记好的两个1.5mL离心管内，以1500r/min离心5min，用移液器将血浆分别移入另外两个标记好的试管内，保存备用。

② 将1mL无菌生理盐水加入红细胞泥中，并用手指轻弹试管底，使红细胞彻底悬浮混匀，再以1500r/min离心5min，弃上清液，如此重复洗涤3次。最后保留红细胞泥。

③ 用无菌生理盐水制备2%红细胞悬液。

④ 主侧配对：取2滴受血犬的血浆，和2滴供血犬的2%红细胞悬液混匀。

⑤ 次侧配对：取2滴受血犬的2%红细胞悬液，与2滴供血犬的血浆混匀。

⑥ 对照组：取2滴受血犬血浆，和2滴受血犬2%红细胞悬液混匀。

⑦ 将主侧配对、次侧配对、对照组放置于25℃下静置30min。

⑧ 1000r/min离心15s。

⑨ 观察有无溶血和凝集现象。若二者均无，则可以进行输血；否则，不可以进行输血。

方法2：简易的"三滴法"配血试验

取供血犬血液1滴、受血犬血液1滴及抗凝剂（3.8%柠檬酸钠）1滴于载玻片上，混合后于镜下观察有无凝集现象，若无凝集，见图3-11，则可输血；若凝集，见图3-12，则不可进行输血。

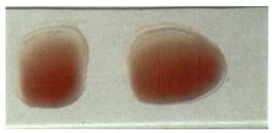
图 3-11 无凝集现象

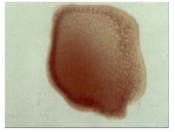
图 3-12 凝集现象

技能 3-4-2 输血

输血的目的主要是供给患病动物新鲜的血液或血液成分，补充血容量，增加红细胞携氧量，改善心肌和脑的功能。输入加强免疫后的血液还可以增强患病动物的抵抗力，帮助其疾病恢复。

物品准备

新鲜血液或袋装血液（见图 3-13），3.8%柠檬酸钠抗凝剂（灭菌），留置针，注射泵，50mL 注射器，输血延长管，酒精棉球，体温计等。

操作过程

① 做好输血前的准备工作，主要包括血型配对和交叉配血试验、颈静脉血液采集（图 3-14）等。

② 测量受血动物 T（体温）、P（脉搏）、R（呼吸频率），并在输血记录表上做好记录，输血记录表详见附录 6。

③ 输血前 30min 皮下注射苯海拉明或扑尔敏，1mg/kg，sc.（皮下注射）或 i.m.（肌内注射）。

④ 建立静脉通路，并确保畅通（按埋置留置针操作）。

⑤ 输血延长管内充满生理盐水，先排出空气，然后再连接血袋。

⑥ 将采好血液的 50mL 注射器安装在注射泵上，按要求设置好参数。

⑦ 连接静脉通路，按注射泵"注射"键，进行输血。

⑧ 输血前 30min，应按照 3mL/h 或 0.25mL/(kg·h) 的速度进行，30min 后可逐步提高输血速度，并安排专人负责监护。

⑨ 每 5min 测 1 次 T、P、R，并在输血记录表上做好记录。

图 3-13 血袋

图 3-14 颈静脉采血

⑩ 输血过程中如出现输血反应，应立即停止输血，并进行相应处理。

⑪ 输血完毕后，拔去输血延长管，做好患病动物的监测护理工作。

⑫ 在动物处方上做好详细记录。

⑬ 整理操作台，按要求分类处理垃圾。

注意事项

① 输血前一定要做血型配对和交叉配血试验，只有完全符合要求者才能输血。

② 输注冷藏血液时要回温，但不可加热。

③ 输血宜先慢后快，30min 后再根据具体情况逐步调整输血速率。

④ 整个输血过程要全程做好护理监测，每 5min 测定一次 T、P、R，并做好记录。

⑤ 防止出现输血反应，如果出现，立即停止输血，并进行相应的处理。

⑥ 输血要在 4h 内完成。

输血

模块四

对症治疗技术

技能 4-1
冲洗疗法

冲洗疗法是用药液反复冲洗患病部位，以治疗疾病的一种方法。使用药液冲洗，可直接作用于病变表面，而且冲洗还能清除污物和细菌，净化病灶周围的微环境。如用温热的药液冲洗，还能促进局部血液循环，增强局部抵抗力。

冲洗疗法在人类医学上应用历史悠久，但在宠物临床上的应用主要是借鉴大动物疾病的治疗经验。目前在宠物临床上常用的冲洗方法有鼻泪管冲洗、胃冲洗、肛门腺冲洗、膀胱冲洗和子宫冲洗等。

技能 4-1-1　鼻泪管冲洗技术

鼻泪管冲洗技术是通过将液体注入泪道，疏通其不同部位堵塞的操作技术，既可作为诊断技术，又可作为治疗方法。

眼部的泪液经上、下泪点（鼻泪管的眼睑处开口）进入鼻泪管，经鼻部排出，见图 4-1。泪点及鼻泪管可能由于眼部分泌物或脱落的细胞而堵塞，也可由颜面部肿块或鼻腔内肿物压迫而阻塞。还有些是由于鼻泪管先天性扭曲引起的，也有可能是泪点由于眼睑损伤后形成瘢痕而闭锁，尤其在猫，可继发于疱疹病毒性角膜结膜炎。还有极少数可继发于先天性泪点闭锁和泪点发育不全。鼻泪管堵塞，导致动物流泪现象明显，从而造成内眼角下部毛发因氧化而呈咖啡色，严重影响了宠物的健康和美观。

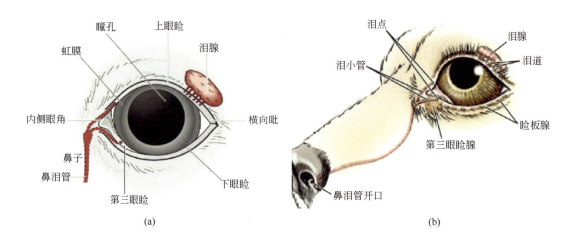

(a)　　　　　　　　　　　　　　　　(b)

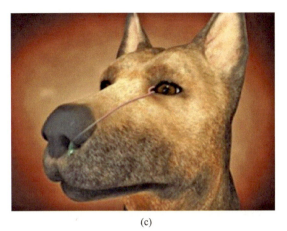
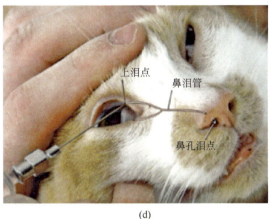

图 4-1　鼻泪管结构示意图

鼻泪管冲洗在宠物临床上主要用于鼻泪管堵塞，眼部长时间有分泌物，或有明显溢泪现象的诊断和治疗。鼻泪管冲洗的目的是疏通堵塞的鼻泪管，见图4-2，防止过度流泪、面部出现溢泪（图4-3）和毛发因泪液而氧化现象的出现，保持面部的美观性。

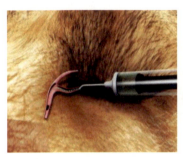
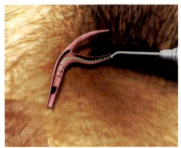

图 4-2　鼻泪管冲洗示意图

物品准备

吸水纱布，眼部表面麻醉剂（2%利多卡因溶液），22G或24G留置针外套管或鼻泪管插管，眼冲洗液或无菌生理盐水，2.5mL注射器，实验用犬等。

操作过程

① 做好冲洗前的准备工作，将所需用品放在一个操作盘中备用。
② 犬只镇静、侧卧，助手保定动物头部限制其活动。
③ 用湿润的无菌纱布擦去眼部分泌物，并用无菌生理盐水冲洗眼部。

图 4-3　鼻泪管堵塞引起的溢泪

④ 在内眼角处滴表面局部麻醉药，等待2min。

⑤ 用中指压迫上眼睑使其外翻，暴露上泪点。

⑥ 用24G留置针外套管（去针芯），沿着睑缘内侧边缘向内眼角滑动，寻找上泪点，见图4-4。

鼻泪管冲洗技术

⑦ 留置针外套管进入上泪点0.5～1.0cm后，连上针筒，用2～3mL无菌生理盐水冲洗，观察到有液体从下泪点流出后用手压迫闭锁下泪点。

⑧ 继续用无菌生理盐水冲洗，直至观察到有液体从鼻孔流出。

⑨ 如果下泪点无生理盐水流出，则应将针头插入下泪点，用同样方法冲洗，见图4-5。

⑩ 看到鼻孔有液体流出后，再反复冲洗3～5次，鼻泪管就彻底疏通了。

⑪ 做好记录。

⑫ 清理操作台，按要求分类处理垃圾。

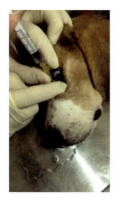 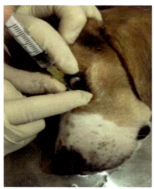 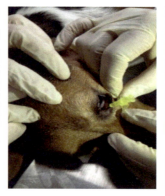 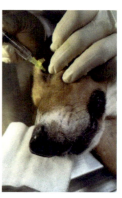

图4-4　上泪点冲洗　　　　　　　　图4-5　下泪点冲洗

技能4-1-2　胃冲洗技术

胃冲洗又称为洗胃，是指将一定量的液体灌入胃腔内，混合胃内容物后再抽出，如此反复多次。其目的是为了清除胃内未被吸收的毒物，清洁胃腔和减轻胃黏膜水肿，或为胃部检查及手术做准备。宠物临床上多用于急性中毒或胃部手术，尤其对于急性中毒，如短时间内吞服有机磷、华法林类药物等，是一项重要的抢救措施。

胃是消化道中扩张程度最大的部分，位于食道与小肠之间，由肌质和腺体构成。胃分为贲门、胃底、胃体和幽门。胃的形状像逆时针旋转90°、横躺着的字母"C"，位于身体正中线偏左侧。胃的入口称为贲门，出口称为幽门。

在人类医学上，洗胃一般有三种方法，即催吐洗胃法、胃管洗胃法和胃造口洗胃法，而在宠物临床上常用的主要是催吐洗胃法和胃管洗胃法，尤其以胃管洗胃法最为常用。现以胃管洗胃法进行介绍。

 物品准备

橡胶胃管，吸引器，无菌生理盐水，开口器，胶带，润滑剂，注射器，口罩，一次性乳胶手套等。

 操作过程

① 做好洗胃前的准备工作，检查吸引器的性能及管道连接是否正确，戴口罩及手套，温热无菌生理盐水等。

② 犬只镇静或轻度麻醉，以侧卧位放置在操作台上。

③ 测量所需胃管长度。将胃管靠近犬只，测量从鼻尖到最后一根肋骨的距离，并在相应位置做好标记，见图4-6。

胃冲洗技术

图 4-6　测量胃管插入长度

④ 用开口器打开口腔，并保护好牙齿。

⑤ 用润滑剂润滑胃管头部，缓慢地将胃管通过食道投送到胃内，直到标记位置。

⑥ 确保胃管放置正确。一是可以在颈部触摸到胃管；二是可以通过胃管给予少量的水，观察犬只有无咳嗽。

⑦ 此时，可以经胃管给药、排气或取出部分胃内容物进行毒物分析。

⑧ 也可以经胃管给予适量温热的洗胃液，使胃呈中度扩张。

⑨ 将胃内液体用吸引器吸出，重复灌洗抽吸几次。

⑩ 将犬只翻身并继续进行清洗。

⑪ 持续灌洗直到吸出的液体清澈为止。

⑫ 将胃管末端折弯后拔出。

⑬ 做好给药记录，收拾整理操作台。

注意事项

① 在插管过程中，动作要轻柔，不要损伤食道和胃黏膜。
② 洗胃用的液体要加温至38℃左右，防止动物发生低体温。
③ 怀疑是由强酸、强碱引起的情况，禁止洗胃。
④ 洗胃过程中，要严密监控动物的各项生命指征，随时做好抢救准备。
⑤ 在洗胃操作前，一定要确认胃管已正确插入胃中，而不是插入气管内。

技能4-1-3　肛门腺冲洗技术

犬肛门腺是犬肛门部位的一对腺体，位于犬肛门两侧约4点钟及8点钟位置，呈梨形，2个肛门腺各有1个开口朝向肛门内侧。肛门腺主要有2种功能，一是在犬排便时润滑粪便，使粪便易于排出；二是能提供犬只互相识别的生物信息，帮助犬只互相识别。

犬肛门腺是需要定期挤压清理的。若长时间不对肛门腺进行挤压，则肛门腺分泌物很容易就会将排出口堵塞，导致肛门腺功能异常，严重者甚至引起肛门腺发炎。宠物临床上，常见到犬只在地上蹭屁股或舔咬肛门部位，严重者会看到肛门腺肿大、破溃。所以，在平时给犬只洗澡时一定要挤压肛门腺，养成定期清理的好习惯。

肛门腺冲洗技术在临床上主要用于肛门腺肿或肛门腺破溃时冲洗治疗。

物品准备

检诊手套，纱布，注射器，留置针外套管，润滑剂，清洗液等。

操作过程

① 性情温顺的犬只站立保定，性情暴躁的犬只镇静保定。
② 将犬的尾巴向上拉起，暴露肛门部位。
③ 如肛门腺完好，则可直接挤压肛门腺；若肛门腺破溃，则需要剃去周围的毛发。
④ 操作者戴上手套，在中指远端涂上润滑剂，插入肛门进行直肠和肛门腺检查。
⑤ 然后与拇指配合，向肛门腺开口方向挤压排空两侧的肛门腺内容物，并用纱布及时清理掉排出物。
⑥ 将留置针外套管插入肛门腺腺腔内，连上注射器，用无菌生理盐水进行反复冲洗，直到冲洗干净为止，见图4-7。
⑦ 最好向肛门腺内注入相应的抗生素药物。

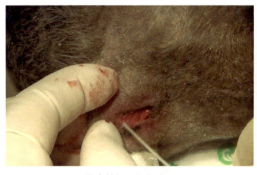
(a) 外套管插入肛门腺

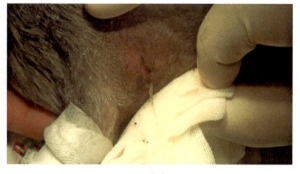
(b) 冲洗

图 4-7　肛门腺冲洗

⑧ 用纱布将肛门周围擦洗干净。
⑨ 做好给药记录。
⑩ 整理操作台，垃圾按要求处理。

肛门腺冲洗技术

注意事项

① 挤压时不可用力过大，防止将肛门腺挤破。
② 挤压时要按照由内向外，由下往上，由轻到重的手法进行。
③ 挤压时要把纱布覆盖在肛门腺上方，防止内容物溅在身上。
④ 冲洗时最好用留置针外套管进行，避免用质地较硬的针头，防止刺伤皮肤和黏膜。

技能 4-1-4　导尿与膀胱冲洗技术

导尿技术是指将无菌导尿管经尿道插入膀胱内引出尿液的一种技术。膀胱冲洗技术是一种通过留置导尿管，将药液输注膀胱内，然后再经导管排出体外，如此反复多次将膀胱内细小结晶、脱落的细胞、血液、脓液等冲出，防止感染或堵塞尿路的技术。应用该技术的目的是解除尿道阻塞，缓解尿液滞留给动物带来的痛苦；或采集无菌尿液样本，做尿液分析或细菌培养；或注入造影剂或药物，辅助诊断和治疗动物尿道及膀胱疾病；或是肾脏疾病时的尿量监测。

犬猫的膀胱是略呈梨形的囊状器官，具有暂时贮存尿液的功能。临床上常将膀胱分为膀胱顶、膀胱底、膀胱体、膀胱颈、膀胱三角区几个部分。膀胱顶朝向前上方；膀胱底呈三角形，朝向后下方；膀胱体位于顶与底之间；膀胱颈在膀胱下部，雄性与前列腺接触，雌性与尿生殖膈接触，内有尿道内口；膀胱三角区在膀胱底部，是两侧输尿管口与尿道内口之间的区域。膀胱上连有输尿管和尿道 2 种管道。膀胱的体积变化很大，当膀胱空虚时，体积变得很小，全部退入盆腔内；而当充满尿液时，体积可增大几十倍，位置也移向腹腔。

犬猫的尿道连接于膀胱，是尿液向体外排出的通道。公犬的尿道较长，外口止于阴茎头，兼作射精管道，故称尿生殖道。母犬的尿道较短，外口止于生殖前庭的腹侧面、阴道的后方。犬泌尿系统解剖详见图4-8、图4-9。

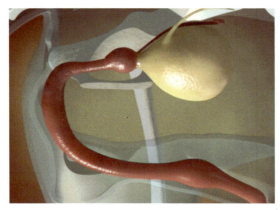

图4-8 公犬尿道与膀胱示意图

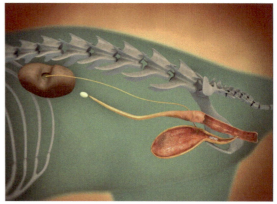

图4-9 母犬尿道与膀胱示意图

膀胱冲洗是将一定量无菌液体通过导尿管注入膀胱，以达到清洁膀胱、稀释尿液、清除沉淀物、防止导尿管堵塞、维持尿液引流通畅的目的，见图4-10。在膀胱冲洗时要注意冲洗液量不宜过多，少量多次；冲洗液的温度应保持在38℃左右，避免造成冷应激。若膀胱内有出血或较多脓性分泌物，可进行间断冲洗，并在冲洗液中加入抗菌药物。

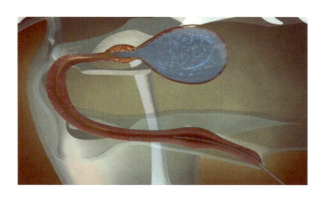

图4-10 膀胱冲洗示意图

临床上导尿与膀胱冲洗主要用于下述情况：

① 解除犬猫的尿道阻塞和尿潴留，尤其是猫下泌尿道综合征和自发性膀胱炎的辅助治疗。

② 采集尿样进行尿液分析或培养，或者进行细胞学评估。

③ 直接膀胱内给药或向膀胱内注入X射线造影剂。
④ 抢救休克、患肾病动物时需要准确记录患病动物的尿量。
⑤ 用于盆腔手术术前准备,以保持膀胱空虚,避免术中误伤。
⑥ 用于截瘫或会阴部有伤的动物,以保持会阴部清洁,预防压疮的形成。
⑦ 公犬尿道黏膜脱垂。

导尿与膀胱冲洗时,要注意以下几点:
① 严格执行无菌操作技术,充分做好消毒处理,防止医源性感染。
② 插入、拔出导尿管时动作要轻柔,尤其是在通过公犬尿道弯曲时,以免造成尿道黏膜损伤及穿孔。
③ 膀胱高度胀满时,导尿管放置成功后,要缓慢排除尿液,不可过急,防止腹腔内压突然降低。
④ 留置导尿管时,要做好日常的消毒工作,并确保导尿管固定确实。

一、公犬导尿与膀胱冲洗

 物品准备

无菌手套,消毒液,无菌润滑剂,无菌生理盐水,50mL一次性无菌注射器,无菌纱布,导尿管,不锈钢小盆等。

 操作过程

① 做好导尿与膀胱冲洗前的准备工作,并将所用物品放在一个操作盘中。
② 助手将犬侧卧,并将其位于上方的后肢向后拉,尽量暴露腹部。
③ 将导尿管靠近犬只,测量导尿管需要插入的长度,做好标记,见图4-11(a)。

公犬导尿与膀胱冲洗

④ 将0.1%聚维酮碘溶液注入包皮内后,移除注射器,并用拇指和食指按压住包皮口,使消毒液在包皮内停留2～5min后放出,见图4-11(b)。
⑤ 消毒包皮周围的皮肤,然后用无菌生理盐水将消毒液冲洗掉。
⑥ 一只手握住阴茎基部向头侧推,另一只手将包皮向尾侧拉,暴露阴茎龟头。
⑦ 操作者戴上无菌手套,将导尿管的前端用无菌润滑剂充分润滑,见图4-11(c)。

⑧ 操作者左手固定阴茎龟头，右手持导尿管从尿道口内插入尿道，或用止血钳夹持导尿管徐徐推进，见图4-11（d）。

⑨ 当导尿管通过坐骨弓尿道弯曲时会稍微遇到点阻力，此时可用手指按压会阴部皮肤以便导尿管通过。

⑩ 一旦导尿管进入膀胱，就会有尿液从导尿管流出来，将其排在不锈钢小盆内。

⑪ 丢弃初始的5～10mL尿液，然后再采集尿样进行尿液分析和培养。

⑫ 至此，导尿就完成了，若要进行膀胱冲洗，则需继续做下去。

⑬ 待没有尿液排出时，用注射器吸取温热的无菌生理盐水反复冲洗膀胱至抽出液澄清为止。

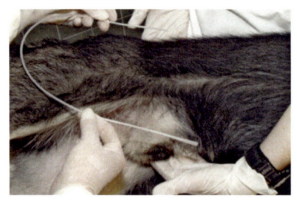
(a) 测量导尿管插入长度

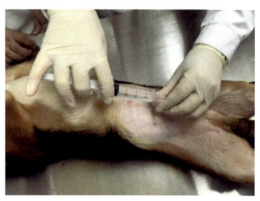
(b) 包皮冲洗消毒

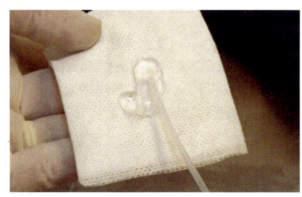
(c) 导尿管涂润滑剂

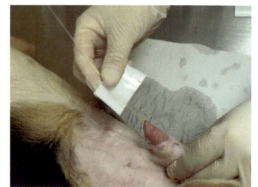
(d) 无菌插入导尿管

图4-11　给公犬插导尿管

二、母犬导尿与膀胱冲洗

母犬的尿道较短，尿道外口开口于生殖前庭的腹侧面、阴道的后方，见图4-12，肉眼不能直接看到，在导尿时需要借助于特殊器械或用手感知才能进行操作。

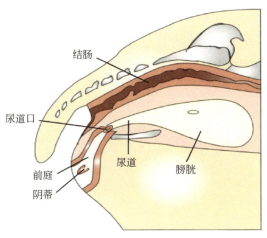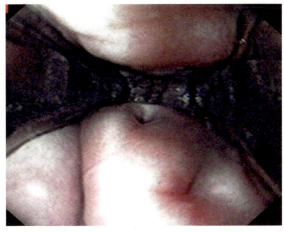

图 4-12　母犬尿道开口

（一）肉眼视察法

 物品准备

开膣器，无菌手套，碘伏消毒液，无菌纱布，润滑剂，导尿管，注射器，无菌生理盐水，利多卡因凝胶等。

 操作过程

① 做好导尿前的准备工作，并将所用物品放在一个操作盘中。

② 助手将犬以站立姿势保定，并将尾巴向上拉。

③ 用稀释好的碘伏消毒液冲洗阴道前庭，见图4-13（a）；然后再冲洗阴门及外阴周围皮肤，最后用无菌生理盐水冲洗，见图4-13（b）。

④ 使用开膣器（阴道开张器）扩张开外生殖道阴道腔，见图4-13（c）；在阴道的腹侧壁找到尿道外口，见图4-13（d）。

⑤ 用润滑剂润滑导尿管的前端，见图4-13（e）。

⑥ 操作者戴上无菌手套，用右手持导尿管插入尿道口，见图4-13（f）。

⑦ 插入尿道口后，右手继续缓缓将导尿管往前插。

⑧ 一旦导尿管进入膀胱，就会有尿液从导尿管流出来，将其排在不锈钢小盆内。

⑨ 丢弃初始的5~10mL尿液，然后再采集尿样进行尿液分析和培养。

⑩ 至此，导尿就完成了。

⑪ 若要进行膀胱冲洗，待没有尿液排出后，用注射器吸取温热的无菌生理盐水反复冲洗膀胱至抽出液澄清为止。

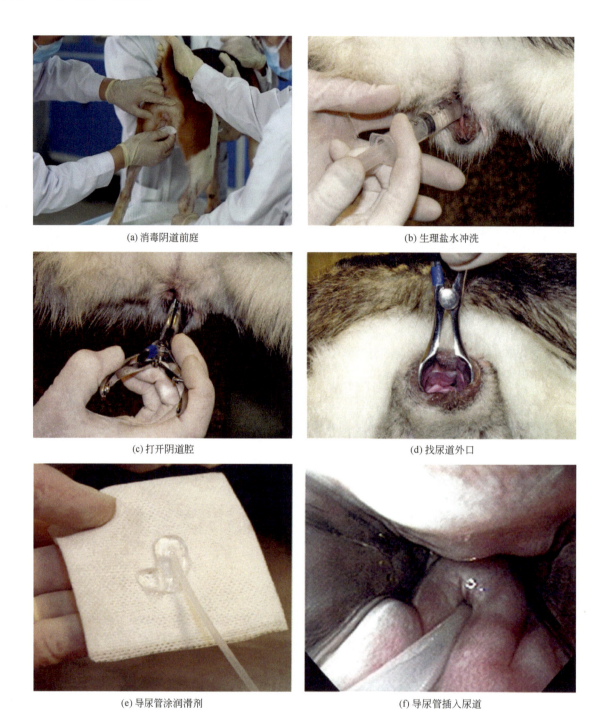

图 4-13　给母犬插导尿管（肉眼视察法）

⑫ 做好记录。

⑬ 清理操作台，废弃物按要求分类处理。

（二）盲导法

盲导法就是在用手指触摸感知的引导下将导尿管插入母犬尿道和膀胱中进行导尿，见图 4-14。盲导法导尿在宠物临床上应用比较广，是母犬导尿常用的一种导尿技术。一般是将左手的食指伸入犬的阴道内，指腹向下，紧贴阴道腹侧壁寻找感知尿道外口结节。这样，导尿管就可以在食指的引导下插入尿道，送至膀胱，进行尿样采集或膀胱冲洗。

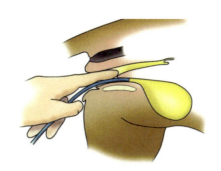

图 4-14　盲导法导尿示意图

物品准备

无菌手套，碘伏消毒液，无菌纱布，润滑剂，导尿管，注射器，无菌生理盐水，不锈钢小盆等。

盲导法

操作过程

① 做好导尿前的准备工作，并将所用物品放在一个操作盘中。
② 助手将犬以站立或俯卧姿势保定，并将尾巴拉向一侧。
③ 用稀释好的碘伏消毒液冲洗阴道前庭，然后再冲洗阴门及外阴周围皮肤，最后用无菌生理盐水冲洗。
④ 操作者左手戴上无菌手套，并在食指末端涂上润滑剂。
⑤ 将食指伸入阴道，紧贴阴道腹侧壁寻找感知尿道外口结节，当找到尿道口后，沿阴道腹侧壁，在食指引导下插入已润滑的导尿管到尿道中，见图4-15。

图 4-15　盲导法插入导尿管

⑥ 继续往前插入导尿管，直到有尿液流出，并将其排在不锈钢小盆内。
⑦ 丢弃初始的5～10mL尿液，然后再采集尿样进行尿液分析和培养。
⑧ 到此，导尿就完成了；若要留置导尿管，见图4-16。
⑨ 若要进行膀胱冲洗，待没有尿液排出后，用注射器吸取温热的无菌生理盐水反复冲洗膀胱至抽出液澄清为止。
⑩ 做好记录。
⑪ 清理操作台，废弃物按要求分类处理。

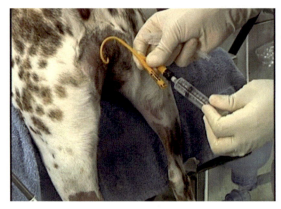

图 4-16 留置、固定导尿管

三、公猫导尿与膀胱冲洗

物品准备

碘伏消毒液，无菌润滑剂，无菌生理盐水，一次性无菌注射器，外科手套，猫用导尿管，无菌纱布，不锈钢小盆等。

操作过程

① 根据猫的性情，选择猫包、毛巾保定或镇静。
② 公猫导尿采用侧卧或仰卧姿势。
③ 用稀释好的碘伏消毒液消毒包皮及周围皮肤，并用无菌生理盐水冲洗干净。
④ 暴露阴茎，并将阴茎向后拉，使其与脊柱平行，保持尿道伸直状态，见图4-17（a）。
⑤ 对阴茎龟头用无菌生理盐水进行适当冲洗。
⑥ 用留置针外套管或导尿管蘸取适量无菌润滑剂，见图4-17（b），插入尿道，直到遇到阻力。
⑦ 连接上抽满无菌生理盐水的注射器，间断性给予脉冲式推注，直到阻力消失。
⑧ 然后，拔出留置针外套管，插入导尿管，缓慢推进至膀胱，见图4-17（c）。
⑨ 根据临床需要，采集尿样或者进行膀胱冲洗。
⑩ 丢弃初始的5～10mL尿液，然后再采集尿样进行尿液分析和培养。
⑪ 到此，导尿就完成了，若要进行膀胱冲洗，则需按照步骤⑫操作。
⑫ 待没有尿液排出后，用注射器吸取温热的无菌生理盐水反复冲洗膀胱至抽出液澄清为止，见图4-17（d）。
⑬ 根据患病动物情况，也可留置导尿管，即用缝针通过导尿管盘上的孔与包皮进行缝合，见图4-17（e）。
⑭ 留置导尿管期间要做好护理，防止感染。

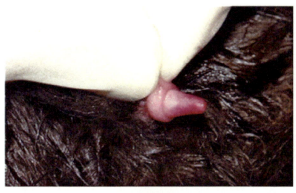
(a) 暴露阴茎

(b) 导尿管涂润滑剂

(c) 插入导尿管

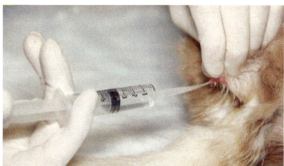
(d) 膀胱冲洗

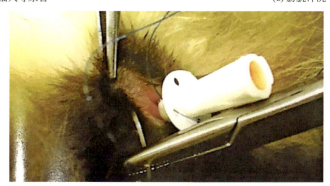
(e) 固定导尿管

图 4-17　公猫导尿与膀胱冲洗

公猫导尿与膀胱冲洗

⑮ 做好记录。

⑯ 清理操作台，废弃物按要求分类处理。

技能 4-1-5　子宫冲洗技术

子宫冲洗技术是利用导管将溶液灌入子宫内，再用虹吸原理将灌入的液体引流出来的方法。子宫冲洗主要是为了排出子宫内的炎性分泌物和脓液，促进黏膜修复。临床上常用于犬子宫内膜炎和子宫蓄脓的治疗，有时，也可用于从子宫中获取样本进行细胞学分析。

犬的子宫是胎儿发育的地方。整个子宫分为子宫颈、子宫体和2个子宫角。子宫体很短，而子宫角很长，从外形上看子宫很像英语字母"Y"，见图4-18。子宫是中间空的肌肉性器官，向前与输卵管连接，向后通向阴道，腹侧有膀胱，背侧有直肠，子宫的大部分在腹腔中，小部分在骨盆中。

图 4-18　犬子宫示意图

物品准备

开膣器，碘伏消毒液，无菌纱布，无菌手套，0.1%高锰酸钾溶液，抗生素，子宫冲洗管，50mL注射器等。

操作过程

① 做好子宫冲洗前的准备工作，并将所用物品放在一个操作盘中。

② 助手将犬以侧卧或俯卧姿势保定在操作台上，将尾巴拉向一侧，暴露外阴部。

③ 用碘伏消毒液对外阴部进行清洗消毒处理。

④ 将开膣器插入阴道并将阴道扩张开来。

⑤ 操作者戴上无菌手套，在子宫冲洗管前端涂上润滑剂，小心地把子宫冲洗管插入阴道内，并缓慢通过子宫颈口，直到插入一侧子宫角内。

⑥ 用50mL注射器抽取适量温热的0.1%高锰酸钾溶液，连在子宫冲洗管上，缓慢注入子宫内。

⑦ 反复冲洗3~5次，直到冲洗液清亮为止。

⑧ 另一侧子宫角也用同样的方法冲洗。

⑨ 最后注入10mL抗生素溶液。

⑩ 做好记录。

⑪ 清理操作台，废弃物按要求分类处理。

注意事项

① 严格执行消毒制度，防止操作人员交叉感染。

② 子宫冲洗液要加热到38℃左右，防止冷应激。

③ 操作过程要轻柔，防止粗暴，尤其是在通过子宫颈口时要缓慢，防止对子宫壁造成创伤或穿孔。

④ 若子宫内有蓄脓，应先排除脓液，再进行冲洗。

⑤ 冲洗所用液体，不得有刺激性或腐蚀性。

技能 4-2
穿刺治疗技术

穿刺是一个医学手术用语，是将穿刺针刺入体腔抽取分泌物做化验，或向体腔注入气体或造影剂做造影检查，或向体腔内注入药物的一种诊疗技术。宠物临床上常用的穿刺技术有膀胱穿刺技术、腹腔穿刺技术、胸腔穿刺技术、关节穿刺技术、脊髓穿刺技术和骨髓穿刺技术等。

技能 4-2-1　膀胱穿刺技术

膀胱穿刺技术是指在无菌条件下，用穿刺针通过动物后腹部刺入膀胱腔的一种穿刺技术。膀胱穿刺技术既是一种临床采样检查技术，又是一种缓解膀胱积尿症状的治疗技术。

宠物临床上实行膀胱穿刺技术的目的主要包括三个方面：一是为了获取未被污染的尿液样本进行实验室化验和分析；二是为了缓解动物因尿道阻塞、排尿困难、尿闭等引起的不适；三是用于因导尿失败或不能进行导尿的患病动物，给膀胱进行减压。

宠物膀胱穿刺的部位一般选在耻骨联合前缘 3～5cm 腹白线处。雌性动物的穿刺点选在腹中线上，雄性动物的穿刺点选在腹中线稍微偏右一侧。

物品准备

一次性无菌注射器，碘伏消毒液，无菌手套，采样管等。

操作过程

① 宠物仰卧保定，性情暴躁者可适当进行镇静。
② 穿刺区域剃毛，用碘伏消毒液充分消毒。
③ 操作者戴上无菌手套，定位并适当用力固定膀胱，使膀胱紧贴腹壁，见图 4-19（a）。
④ 用 22G 针头连接无菌注射器。

⑤ 将针尖斜面向上，从膀胱中部朝向膀胱三角区方向，以45°在穿刺点斜向刺入膀胱，见图4-19（b）。

⑥ 穿刺成功后，即可抽出尿液。在抽取尿液过程中，要保持针头不能移动，或者在更换注射器时针头不能被拔出。

⑦ 尿液抽取完后，拔出针头。

⑧ 用碘酊棉球消毒并按压3～5min。

⑨ 做好记录。

⑩ 收拾整理操作台，垃圾按要求分类处理。

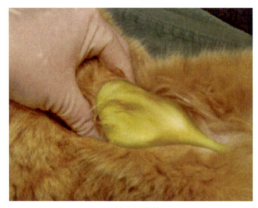
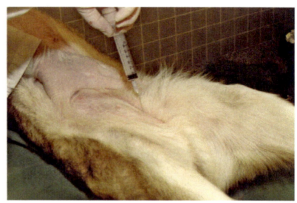

(a) 固定膀胱　　　　　　　　　　　(b) 穿刺膀胱

图 4-19　膀胱穿刺

技能4-2-2　腹腔穿刺技术

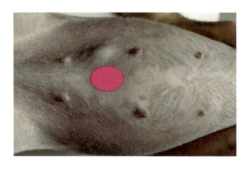

图 4-20　腹腔穿刺部位示意图

腹腔穿刺技术是指通过穿刺针或导管直接从腹壁刺入腹膜腔抽取腹腔积液，用以协助诊断和治疗疾病的一项技术。该技术是确定有无腹水及鉴别腹水性质的简易方法，分为诊断性腹腔穿刺和治疗性腹腔穿刺。

腹腔穿刺的目的：一是明确腹腔积液的性质，协助诊断，分析腹水产生的原因，为治疗方案的制定提供依据；二是适量抽出腹腔积液，可以减轻腹腔内的压力，缓解动物不适，改善血液循环；三是向腹腔内注入药物，辅助疾病的治疗。

穿刺部位的选择：腹腔穿刺点一般选在脐孔与耻骨联合之间腹中线中点处区域，见图4-20。

物品准备

消毒液，无菌纱布，无菌手套，留置针，一次性无菌注射器，采样管等。

操作过程

① 犬只仰卧或侧卧保定。
② 腹中线穿刺区域剃毛、擦洗。
③ 穿刺区域先用稀释好的消毒液消毒3次，再用无菌生理盐水冲洗干净。
④ 操作者戴好无菌手套，将穿刺针连接到注射器上，在选定的穿刺点垂直刺入腹腔内，见图4-21。
⑤ 穿刺针进入腹腔时，有落空感。
⑥ 用注射器轻轻抽吸，即可抽出腹水。
⑦ 若腹水流出不畅，则可将穿刺针稍做移动或改变一下动物体位。
⑧ 抽液完毕后，拔出穿刺针，穿刺点用碘伏消毒，覆盖无菌纱布，稍用力压迫穿刺部位数分钟，并用透气胶带固定。
⑨ 做好记录。
⑩ 整理操作台，按要求分类处理垃圾。

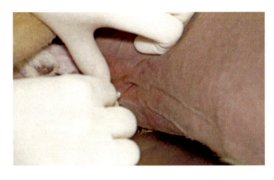

图 4-21　腹腔穿刺

注意事项

① 穿刺应严格无菌进行，防止腹腔感染。
② 穿刺时应避免刺伤腹腔内组织器官。
③ 穿刺前，应通过影像诊断排除动物怀孕、子宫蓄脓和膀胱积尿等病理现象。
④ 穿刺放液不宜过快过多，并密切关注动物生命体征。

技能4-2-3　胸腔穿刺技术

胸腔穿刺技术是指对有胸腔积液（或气胸）的患病动物，为了诊断和治疗疾病的需要而通过胸腔穿刺抽取积液或气体的一种技术。

胸腔是由胸椎、胸骨、肋骨及肋软骨，以及附着在其外面的肌群、软组织和皮肤所构成；胸腔内主要有心脏、肺、部分食管等器官和组织，见图4-22。每根肋骨后缘均有肋间

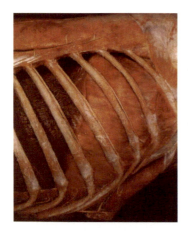

图 4-22　胸腔解剖图

动脉、静脉和神经通过。宠物临床上，犬多发生胸腔积液和气胸，猫则多发生胸腔积液和脓胸。既有单侧发生，又有双侧发生。

宠物临床上胸腔穿刺的目的：一是抽取胸腔积液进行细胞学、微生物学化验和分析，确定胸腔积液的性质，协助疾病诊断；二是抽取适量的积液或积气，减轻对肺脏、心脏的压迫，缓解患病动物的呼吸困难症状；三是往胸腔内注射药物进行疾病的治疗。

穿刺部位的选择：胸腔穿刺时，若积液较少，一般选在胸部叩诊实音最明显部位进针；若积液较多，则一般选择在第6～第9肋骨之间、紧靠肋软骨接合部之上进针。在进针时，进针点均应该在每根肋骨的前缘位置。

物品准备

头皮针，三通接头，注射器，延长管，碘伏消毒液，无菌手套，镇静药或者局麻药等。

操作过程

① 根据动物的具体情况给予局部麻醉或者镇静。

② 穿刺部位剃毛，常规消毒3遍后清洗。

③ 操作者戴无菌手套，将头皮针、三通接头、延长管和注射器连接好，并将三通接头通往胸腔的通道关闭。

④ 操作者左手固定穿刺部位的皮肤，右手持针，并使针尖斜面朝上，针头紧贴肋骨前缘斜向刺入胸腔，见图4-23。

⑤ 当针的阻力突然消失时，打开三通接头的胸腔通道，用注射器进行缓慢抽吸，同时，固定好穿刺针，以防刺入过深损伤肺组织。

⑥ 更换注射器时，转动三通接头，关闭胸腔通道。

⑦ 抽液结束后，拔出穿刺针，用碘伏棉球压迫3～5min后，覆盖无菌纱布，用透气胶

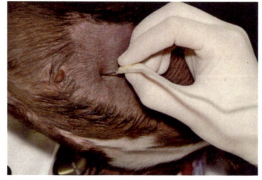

图 4-23　胸腔穿刺

带压迫固定1d，以防发生皮下气肿。

⑧ 做好记录，并多次观察动物体征。

⑨ 整理操作台，垃圾按要求分类处理。

> **注意事项**

① 穿刺部位要严格消毒，防止胸腔感染。

② 穿刺点一定要紧贴肋骨前缘，防止伤及肋间血管和神经。

③ 穿刺时，三通接头一定要保持胸腔通道关闭状态，防止形成气胸。

④ 穿刺过程中，要防止动物挣扎，以免伤及肺脏等组织器官。

⑤ 血液凝固不良的动物禁止施行胸腔穿刺。

技能4-2-4　关节穿刺技术

关节穿刺技术是指用穿刺针经皮肤刺入关节腔（图4-24）内抽取积液或注入药物以进行实验室检查和疾病治疗的一种技术。关节穿刺技术是动物临床上常用的一种治疗技术，包括诊断性穿刺技术和治疗性穿刺技术。诊断性穿刺技术是在关节积液时抽液检查，确定积液的性质和诊断，或者于关节造影时用。治疗性穿刺技术是化脓性关节炎的抽脓、冲洗和注入抗菌药物，关节腔内药物注射治疗，及关节损伤或关节手术后发生大量积血时，抽出积血，减少粘连，防止感染。

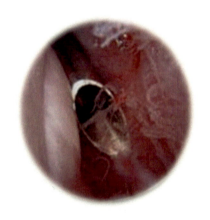

图4-24　关节腔内视图

关节炎在犬猫宠物中很常见，调查显示，20%的成年犬和60%的成年猫有放射学诊断指征，尽管这些犬、猫存在一定的关节问题和疼痛，但是，它们往往看起来很正常。宠物临床上常常涉及肩关节、肘关节、跗关节、髋关节、膝关节、腕关节等。

关节穿刺点选择：避开血管、神经、肌腱等重要结构，并通过活动关节找到关节间隙和容易进入关节腔的部位，确定好穿刺点后做上标记。

关节穿刺的适应证主要有化脓性关节炎、病理性损伤造成的关节积液、抽取关节积液进行实验室检查和分析、关节腔内注射药物进行疾病的治疗、关节腔内注入造影剂进行关节造影。

物品准备

电推剪,消毒液,镇静药或麻醉药,无菌注射器及针头(22G),无菌手套等。

操作过程

① 根据犬只性情,选择镇静或者麻醉。
② 触摸关节腔和关节间隙,定位穿刺部位,剃毛后,按外科手术要求严格清洗消毒。
③ 操作者戴上无菌手套,一手定位穿刺部位,一手持注射器。
④ 缓慢地将针头依次刺入皮肤、皮下组织和关节腔内,严防伤及关节软骨和骨,轻轻回抽,见图4-25。
⑤ 根据临床需要,抽吸关节积液、滑膜液或者注入药物。
⑥ 穿刺完毕后,拔出针头,局部用碘伏棉球按压消毒,并将无菌纱布覆在上面,用透气胶带进行压迫固定。
⑦ 对抽取液进行实验室诊断与分析。
⑧ 做好记录,看护好犬只,直至完全清醒。
⑨ 收拾整理操作台,垃圾按要求分类处理。

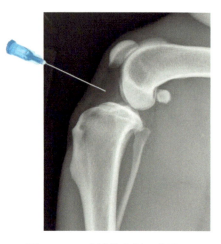

图 4-25 膝关节穿刺示意图

关节穿刺技术

注意事项

① 关节穿刺必须严格遵守无菌操作原则,严防感染。
② 穿刺进针时动作要轻缓,避免伤及关节软骨及骨。
③ 关节抽取积液后要压迫固定。
④ 关节部位皮肤破溃、感染者禁止穿刺。
⑤ 有凝血功能障碍的动物不能进行穿刺。

技能4-2-5 脊髓穿刺技术

脊髓穿刺技术是神经系统临床上常用的检查方法之一,对神经系统疾病的诊断和治疗有重要价值,简便易行,操作也较为安全。动物患有脊柱疼痛或脑、脊髓疾病引起的神经障碍，以及需要对脑脊液进行分析或者脊髓造影时，都要用到脊髓穿刺技术。

在宠物临床上脊髓穿刺主要有小脑延髓池穿刺法和腰部穿刺法。

一、小脑延髓池穿刺法

 物品准备

脊髓穿刺针，麻醉药，消毒液，电推剪，无菌手套，无菌创巾等。

 操作过程

① 做好穿刺前的准备工作，将所用物品放在一个操作盘中。
② 动物麻醉后，将动物侧卧或俯卧于操作台上。
③ 颈部背侧剃毛，经清洗、消毒处理后，铺上无菌创巾。
④ 由助手固定其颈部，使头与颈屈曲呈90°，口鼻端平行于操作台面。
⑤ 进针点位于由左右寰椎翼和枕骨隆突三点构成的三角形中心点上，见图4-26。

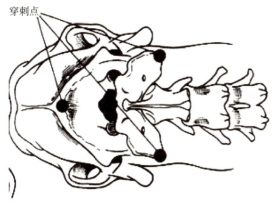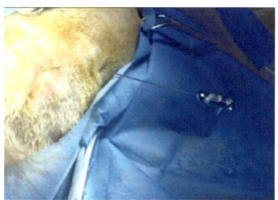

图 4-26　小脑延髓池穿刺点

⑥ 针尖斜面向尾侧，缓慢进针，当针穿过韧带和硬膜时阻力会突然降低并能听到"噗"的一声，在脑脊液流出后抽出针芯。
⑦ 此时，可收集脑脊液样本进行分析。
⑧ 若要脊髓造影，此时可将造影剂缓慢注入，在2～3min内注完，注射完毕后直接拔出穿刺针。
⑨ 做好记录。
⑩ 收拾整理操作台，垃圾按要求分类处理。

二、腰部穿刺法

物品准备

脊髓穿刺针，麻醉药，消毒液，电推剪，无菌手套，无菌创巾等。

操作过程

① 做好穿刺前的准备工作，将所用物品放在一个操作盘中。

② 动物麻醉后，将动物俯卧于操作台上，两后肢向前拉伸，背部呈弓形，确保腰部脊柱与操作台面平行。

③ 穿刺部位剃毛，经清洗、消毒处理后，铺上无菌创巾。

④ 进针位置选在L5-L6，触摸L5或L6后背侧棘突，在其前面用短斜面脊髓穿刺针刺入，穿过椎弓间隙，见图4-27。

⑤ 当针穿过韧带和硬膜时可感觉到特征性"砰"的一下，此时，拔出针芯，收集脊液进行分析。

⑥ 若没有脊液流出，则将针继续向前穿过脊髓抵达椎管底壁，动物可出现退缩和痉挛。

⑦ 此时，稍稍后退穿刺针，拔出针芯，轻轻回抽即可看到有脊液流出。

⑧ 做好记录。

⑨ 收拾整理操作台，垃圾按要求分类处理。

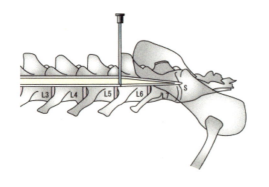

图4-27 犬腰部脊髓穿刺点

技能4-2-6 骨髓穿刺技术

骨髓穿刺技术是采取骨髓液的一种常用诊断技术，适用于各种血液病的鉴别诊断及治疗。其检查内容包括血细胞数量及形态学，亦可做骨髓培养、骨髓涂片、寄生虫检查等。

骨髓采样大部分采用穿刺法。小动物临床上，犬、猫首选的骨髓穿刺部位包括肱骨、股骨近端以及髂骨嵴3处，尤其以肱骨近端最为常用，见图4-28。下面以肱骨近端骨髓穿刺为例进行讲解练习。

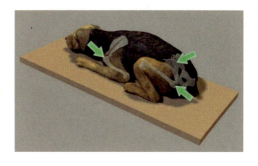

图4-28 犬骨髓穿刺点示意图

物品准备

骨髓穿刺针，麻醉药，电推剪，无菌手套，消毒液，无菌创巾，10mL注射器，载玻片，染色液等。

操作过程

① 做好穿刺前的准备工作，将所需物品放在一个操作盘中。
② 动物麻醉后，将动物侧卧保定于操作台上。
③ 穿刺部位剃毛、清洗，见图4-29（a），按外科手术要求进行充分消毒，铺上无菌创巾。
④ 助手固定住犬的肘部，协助操作者进行骨髓穿刺。
⑤ 操作者戴上无菌手套，找到肱骨大结节远端，并以此为穿刺点，左手把穿刺点的皮肤绷紧，右手用力将穿刺针刺入，见图4-29（b）。
⑥ 刺入骨皮质后，用力左右旋转将穿刺针钻入，穿刺针进入骨髓腔时有落空感。

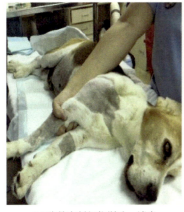 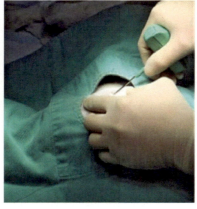 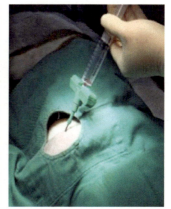

(a) 肱骨穿刺部位剃毛、消毒　　　　　(b) 穿刺　　　　　(c) 采样

图4-29 骨髓穿刺采样

⑦ 确认穿刺针进入骨髓腔后，拔出针芯，接上10mL注射器，缓慢抽吸即可见少量红色骨髓液进入注射器内，见图4-29（c）。

⑧ 取下注射器，根据临床需要，将骨髓液进行相应的检查操作。

⑨ 抽吸完毕后，插入针芯，转动着拔出穿刺针，随后将无菌纱布盖在针孔上，并用透气胶带加以固定。

⑩ 做好记录。

⑪ 收拾整理操作台，垃圾按要求分类处理。

注意事项

① 严格遵守无菌操作，防止骨髓感染。
② 穿刺针进入骨皮质后避免摆动幅度过大，以免折断。
③ 抽吸骨髓液时，抽吸量不宜过多。
④ 骨髓液抽取后应立即涂片染色镜检。
⑤ 骨髓穿刺前要先做凝血功能检查。

技能4-3
清创术

　　清创术是在小动物临床上经常用到的一种临床创伤处理技术。主要是清除开放创口内的异物，去除失活、坏死或严重污染的组织，使之尽量减少污染，变成清洁创口，达到一期愈合的目的。同时，开放性创口应进行及时、科学、恰当的处理，有利受伤部位功能和形态的恢复。

 物品准备

　　无菌生理盐水，3%双氧水，碘伏溶液，无菌纱布，无菌注射器，2%利多卡因，抗生素凝露，无菌手套等。

 操作过程

　　① 简单清洗创口，清理掉创口周围毛发及皮肤上的污物。若出血较明显，则先进行适当止血。

　　② 将无菌纱布覆盖在创面上，并使其全部盖住创面。

　　③ 用电推剪剃去创口周围5～10cm的毛发，并清洁残留在创口周围的毛发，见图4-30。

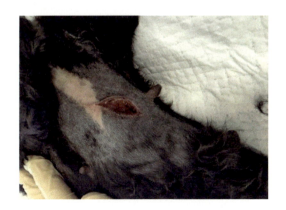

图4-30　创口处理

　　④ 去掉覆盖在创面上的无菌纱布，先用无菌生理盐水简单冲洗，再用无菌3%双氧水

冲洗，然后用无菌生理盐水反复大量冲洗。

⑤ 检查创口，彻底清除创口深部的异物、坏死组织。

⑥ 根据情况确定是否需要扩大创口。

⑦ 彻底切除创口表面坏死、失活的组织，并适当修整创口边缘，利于创缘的对合和创口的愈合。

⑧ 再次对创口进行清洗，确保创口深部完全清洗干净，并适当进行止血，将抗生素凝露涂在创口表面。

⑨ 根据创口的情况和动物的体况，选择是否缝合创口。

⑩ 若是新鲜创口或创口污染程度轻、供血丰富，清创后可缝合，行一期愈合；若是创口污染程度重，或已发生感染，则一般不予缝合，行二期愈合。

⑪ 清创完毕后，做好记录。

⑫ 整理操作台，医疗废弃物按要求处理。

 注意事项

① 创口必须彻底反复冲洗干净后，才能做创口的清理修整，以防造成二次感染。

② 清创时既要彻底切除坏死、失活组织，又要尽量保留有活力的组织，最大限度保留功能和促进创口的愈合。

③ 污染创口，要每天进行清洗处理，直到感染被控制，有肉芽组织形成。

④ 创口清理后，如果不缝合，要在创口表面涂一层抗生素凝露，防止进一步感染，保护肉芽组织，促进创口愈合。

技能 4-4
绷带包扎技术——环形包扎法

绷带包扎在宠物临床上应用相当广泛。绷带包扎能够保护创口的局部环境，形成酸性环境，防止感染，减少水分的丢失，并可以维持一定温度和湿度，利于创口的愈合。绷带包扎的压迫作用，可以减少液体渗出和出血，防止无效腔出现，减缓疼痛，促使创缘的对合。绷带缠绕在创口上，还可以吸附创口的渗出液和对创口进行清洁作用。绷带包扎可以对创伤起到支托稳定的作用，使动物感到舒适安定。绷带包扎对骨折的修复也具有十分有利的作用。

宠物临床上，在具体进行绷带包扎时，一般将绷带分为第一层、第二层、第三层三个大的层次。

第一层是接触层。接触层敷料要求有很好的密闭性及吸附性。接触层直接接触动物的创口和皮肤，根据创口的具体情况，可选用干绷带，也可选用湿绷带。该层有对创口进行清创、吸附渗出液、提供药物治疗的作用，给创口形成密闭的保护层。第一层绷带的种类很多，有高分子材料、普通纱布和抗菌绷带，在临床使用时根据情况加以选择。

第二层是中间层。中间层的主要作用是吸附。该层绷带要求有良好的毛细管吸附特性，主要吸附来自创口的血液、渗出液、坏死组织、细菌等。同时，中间层还有作为垫料保护创口、压迫固定第一层的作用。可作为中间层绷带的有合成衬垫、脱脂棉、棉花卷等。

第三层是外层。外层的主要作用是固定第一层、第二层，保护创口不被外界污染。外层不要包扎过紧，防止影响局部的血液循环和压迫神经，影响创口的愈合。外层选用的绷带应具有密封性，可有效防止渗出液的浸出和细菌的侵入。可作为外层绷带的有防水胶带、弹性绷带以及具有松紧功能的纺织物。

宠物临床上，绷带包扎的方法比较多，如环形包扎法、螺旋包扎法、"8"字包扎法等。也有按部位分的，如头部包扎、耳部包扎、胸腹部包扎、四肢末端包扎等。本次绷带包扎技术是以四肢末端为例进行绷带环形包扎练习。

绷带包扎在宠物临床上主要用于患病动物创口的保护、敷料的固定、加压止血、支持软组织和辅助固定骨折等。

物品准备

脱脂棉，纱布卷，脱脂棉卷，透气胶带，彩色黏性弹性绷带等。

操作过程

① 动物侧卧保定，将要包扎的腿放在上面，各关节保持自然状态。性情暴躁的动物须进行镇静或麻醉。

② 对包扎部位进行清洁剃毛处理。

③ 准备2条30cm长的透气胶带，将15cm粘在腿内外侧，剩下15cm游离备用，见图4-31（a）。

④ 第一层，从腿的远心端向近心端进行包扎，即由趾部开始，用纱布卷以螺旋形缠绕，缠绕时，每一圈要覆盖上一圈的40%～50%，直到绕到肘关节上方，见图4-31（b）。缠绕时用力要均匀，绷带不能产生褶皱。

⑤ 第二层，先用脱脂棉卷从远心端向近心端以螺旋形缠绕，同样，每一圈要覆盖上一圈的40%～50%，缠绕时要适当用力，且用力要均匀。该层根据具体情况，可重复缠绕几次。然后用纱布卷进行缠绕，同步骤④。

⑥ 将游离的15cm透气胶带向腿部折返，粘在缠绕的纱布上，见图4-31（c）。这样就能暴露脚掌部及脚趾末端，便于观察血液循环状况。

⑦ 第三层，即最外侧，用彩色黏性弹性绷带，从趾端向近心端以螺旋形缠绕，施加适当压力，防止出现褶皱，每一圈要覆盖上一圈的40%～50%，见图4-31（d）。

⑧ 做好记录。

⑨ 整理操作台，按要求分类处理垃圾。

注意事项

① 注意绷带的护理，要保持干爽与清洁。

② 戴上伊丽莎白项圈，防止动物啃咬绷带。

③ 绷带要定期更换。具体情况不同，更换时间也不同。但绷带被创口的渗出液浸湿时要及时更换。

④ 要勤于观察脚掌及脚趾是否出现肿胀与潮湿现象，如出现此种情况，则说明绷带包扎过紧，需重新包扎。

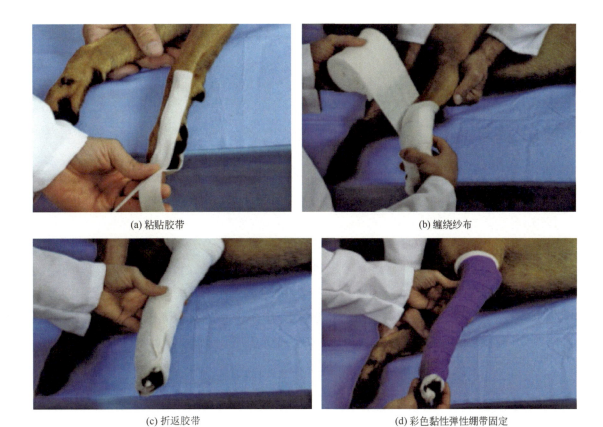

(a) 粘贴胶带　　　　　　　　　　　　　(b) 缠绕纱布

(c) 折返胶带　　　　　　　　　　　　　(d) 彩色黏性弹性绷带固定

图 4-31　环形绷带包扎法

技能 4-5
喂饲管技术

技能 4-5-1　鼻饲管技术

鼻饲管技术就是把鼻饲管通过鼻腔送到患病动物食道后段或胃内,往患病动物胃中输送食物和营养物质的一种技术。该技术在宠物临床上通常用于不能进食或限制从口腔进食的动物。对不能经口进食的患病宠物,从鼻饲管灌入流质食物,保证患病宠物摄入足够的营养、水分和药物,以利于早日康复。该技术也用于对胃迟缓的患病动物实施胃内减压。

下面以猫的鼻饲管放置技术为例进行讲解操作,犬与猫的放置方法一致。

物品准备

鼻饲管,2%利多卡因溶液,润滑剂,注射器,无菌生理盐水,伊丽莎白项圈,缝针和缝线,记号笔等。

操作过程

① 做好鼻饲管插管前的准备工作,将所需材料和物品放在一个操作盘中。

② 测量鼻饲管所需插入的长度,即将鼻饲管紧贴动物身体,测量从鼻孔到最后肋骨的长度。如果连续使用,则测量长度到第7~第8肋间隙即可,并用记号笔或胶带做好标记,见图4-32(a)。

③ 猫最好镇静,犬则以坐立姿势保定于操作台上。

④ 将患病动物的鼻子朝上,滴入2~3滴2%利多卡因溶液或在鼻饲管头部涂利多卡因凝胶,见图4-32(b)。

⑤ 在鼻饲管前端涂上少量润滑剂。

⑥ 操作者戴上无菌手套,左手固定动物头部,右手向滴入局麻药物的鼻孔内侧缓缓插入鼻饲管,见图4-32(c),一直插到预先做好的标记处,见图4-32(d)。

⑦ 用注射器向管内注入2mL无菌生理盐水检查鼻饲管的插入位置是否正确,如果鼻饲管插入气管内,会导致动物剧烈咳嗽。

⑧ 将鼻饲管缝合在正中鼻梁之上,缝合一定要牢固,以防给动物带来不适,见图4-32(e)。

⑨ 固定好后,给患病动物戴上伊丽莎白项圈,防止动物将鼻饲管抓掉。

⑩ 做好记录。

⑪ 整理操作台,废弃物按要求分类处理。

鼻饲管技术

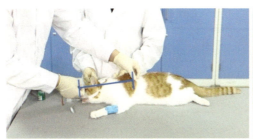

(a) 测量鼻饲管长度并做好标记

(b) 涂利多卡因凝胶

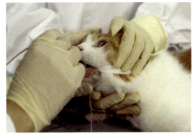

(c) 插入鼻饲管

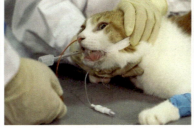

(d) 插到标记长度

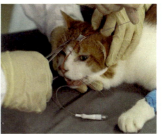

(e) 固定鼻饲管

图 4-32 鼻饲管技术

注意事项

① 利用鼻饲管饲喂时,先要注入5mL生理盐水冲管,然后再给予液体食物,喂食完毕后再用5mL生理盐水冲管。

② 若在食物中混入药物,药物要研磨成粉状,防止药物堵塞鼻饲管。

③ 鼻饲管给予的食物必须是均质液体,不能给予块状食物,以防堵塞鼻饲管。

④ 饲喂完毕后,盖好鼻饲管盖子,用纱布整理固定好,并做好记录。

⑤ 放置鼻饲管前,根据临床需要,一定要测量插入鼻饲管的长度。

技能4-5-2 食道饲管技术

食道是食物通过的一个肌性管道,由咽下口起始至贲门为止。动物临床上常将其分为颈段和胸段两部分。宠物颈段食道主要位于身体中线左侧颈段上部,周围有颈静脉、颈动脉和下颌唾液腺。

宠物临床上放置食道饲管的主要目的是为不能直接从口腔进食的患病动物建立通过食道直接供给食物及药物的通道，保障患病动物能及时得到维持生命活动的营养物质等。

以猫食道饲管放置为例进行讲解说明，犬的放置方法与猫基本一致。

  物品准备

食道饲管，手术刀，电动剃刀，长弯钳，无菌手套，绷带，缝合针，缝合线，麻醉药，记号笔等。

  操作过程

① 做好食道饲管放置前的准备工作，包括动物禁食12h，操作时动物需要全身麻醉等。

② 将处于全身麻醉状态的猫以右侧卧位保定，使其左侧朝上。

③ 在左侧颈部剃毛、清洗，按外科手术要求进行充分消毒。

④ 测量食道饲管所需长度，即沿着猫的体侧测量食道中段至第7~9肋间（肩胛骨下缘）的长度，见图4-33（a）；并用记号笔在饲管上做好标记，见图4-33（b）。

⑤ 通过口腔将长弯钳的前端伸入食道颈部中段位置。

⑥ 将长弯钳前端上抬把食道撑起，见图4-33（c）。

⑦ 避开颈动脉、颈静脉和其他重要组织，用手术刀在食道向上凸起的皮肤上做一小切口，见图4-33（d）。

⑧ 依次切开皮肤、浅筋膜和食道，切口的大小以可让食道饲管通过即可，见图4-33（e）。

⑨ 将长弯钳的前端穿出创口，夹住食道饲管的末端[图4-33（f）]，并将食道饲管拉入创口中，直到标记处停止，见图4-33（g）。

⑩ 将食道饲管的末端在口腔内折回后再插入食道[图4-33（h）]，当其末端通过创口时，食道饲管会翻转而使整条食道饲管向下进入食道内，见图4-33（i）。

⑪ 食道饲管应用结节缝合法固定在皮肤上，至少在食道饲管上打7个外科结，使其牢固固定在颈部，并减少饲管滑动，见图4-33（j）。

⑫ 在切口处涂抗生素凝胶，覆盖2层无菌纱布，然后用绷带将食道饲管固定在脖子上。

⑬ 待动物麻醉完全苏醒后，即可通过食道饲管进行喂食。

⑭ 做好记录。

⑮ 收拾整理操作台，垃圾按要求分类处理。

模块四 对症治疗技术

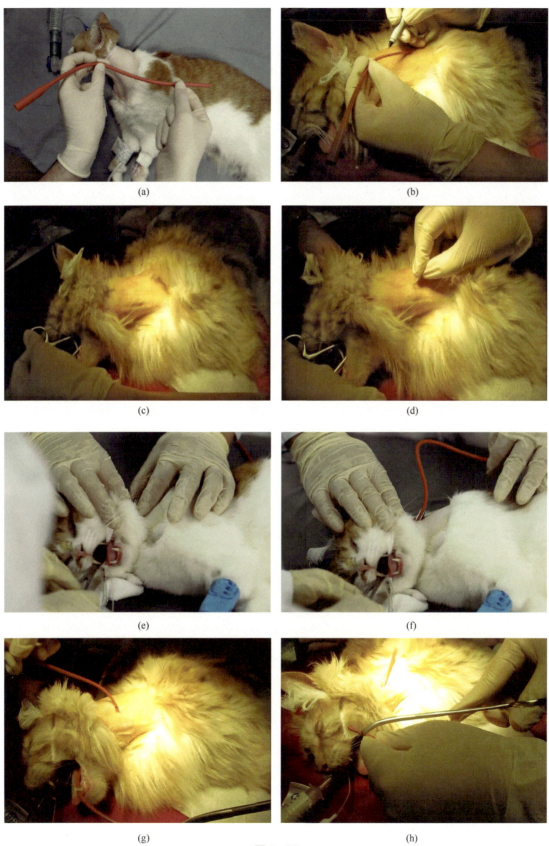

图 4-33

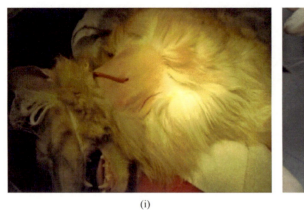
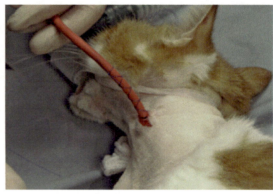

(i)   (j)

图 4-33 食道饲管技术

注意事项

① 必须等猫从麻醉状态中完全苏醒后才可以喂食。

② 皮肤切口应每天检查一次，并用抗生素凝胶进行局部处理，防止感染。

③ 喂食之前和之后均应进行冲洗，防止堵塞。如果饲管堵塞，可向饲管内注入 5mL 可乐，5～10min 后即可疏通。

技能 4-6
封闭治疗技术

封闭治疗技术也就是常说的封闭疗法，是将不同剂量和不同浓度的局部麻醉药注入组织内，利用其局部麻醉作用减少局部病变对神经的刺激并改善局部营养，从而促进疾病痊愈的一种治疗方法。封闭疗法在动物临床上早已广泛应用，主要用于全身各部位的肌肉、韧带、筋膜、腱鞘、滑膜的急慢性损伤或退行性病变，骨关节病等，对各种炎症的治疗也有较好疗效。

封闭疗法的基本操作方法较为简单，种类也比较多，在临床应用中比较灵活，一般根据不同疾病而决定不同注射部位。宠物临床上常用的有病灶周围封闭疗法和穴位注射法。其中，病灶周围封闭疗法主要适用于创伤、烧伤、蜂窝织炎等，也适用于各种急性、亚急性炎症等的治疗。穴位注射法又称为水针疗法，是指在穴位中注射一定的药物，通过药物和针刺的双重刺激作用，来进行疾病治疗的一种方法。宠物临床上，穴位注射法常用于动物四肢疼痛性疾病、消化道疾病、脊柱损伤等神经性疾病的治疗，偶尔也用于眼部疾病的治疗。

封闭疗法常用药物主要有局部麻醉药、皮质类固醇类药物（醋酸曲安奈德注射液和地塞米松注射液）、抗生素类药物（头孢曲松钠注射液和恩诺沙星注射液等）、维生素类药物（维生素B_1注射液、维生素B_{12}注射液）等。

技能 4-6-1　病灶周围封闭疗法

物品准备

药物，消毒液，一次性无菌注射器，无菌手套等。

操作过程

① 准备好所需物品，放在一个操作盘中。
② 观察体表病灶的状况，查看身体其他部位是否还有其它病损之处。
③ 触摸病灶周围组织，标记体表压痛最明显处，在其周围约2cm处进行封闭注射准备。

④ 注射部位消毒后，将2%的利多卡因与头孢曲松钠混合液，分3~4个点注射到病灶周围的健康组织内。

⑤ 根据病灶大小，可多分几个点分别进行注射，尽量将病灶完全包围住。

⑥ 注射完毕后，做好记录。

⑦ 整理操作台，垃圾按要求分类处理。

技能4-6-2　穴位注射法

物品准备

一次性无菌注射器，维生素B_{12}注射液，酒精棉球等。

操作过程

① 按所需注射部位采取相应的保定姿势。

② 选择穴位，根据动物具体患病情况，选择不同穴位进行注射。也可以选择在痛点、患病肌腱的起始部位等。

③ 选择药物，本次练习选择的是维生素B_{12}注射液。

④ 本次注射选择2个穴位：一是百会穴位（后肢神经疾病）注射（单号组），见图4-34；二是后海穴位（消化系统疾病）注射（双号组），见图4-35。

图4-34　百会穴注射

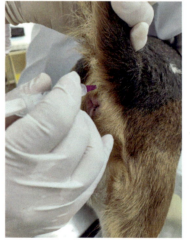
图4-35　后海穴注射

穴位注射法

⑤ 定位好穴位后，将注射部位严格消毒。将注射器针头刺入穴位，注入维生素B_{12}注射液0.5mL。

⑥ 注射完毕后，拔出针头，用干无菌棉球按压片刻。
⑦ 做好记录。
⑧ 整理操作台，垃圾按要求分类处理。

 注意事项

① 注射时要做好保定，防止针头折断或折弯。
② 注射部位要充分消毒，防止感染。
③ 病灶周围封闭注射时，常注射抗生素和局麻药混合液。
④ 穴位注射糖皮质激素时，最好配伍抗生素用药。
⑤ 禁止注射到病灶内部。

技能 4-7
眼睛给药技术

在宠物临床中，犬猫眼睛疾病的发病率还是比较高的。下面我们就来学习动物眼睛给药技术。

眼睛是动物的视觉器官，由眼球和眼的附属器官组成，主要部分是眼球，见图 4-36。

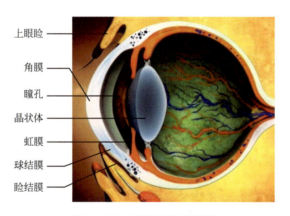

图 4-36 眼球结构示意图

犬猫的眼球呈圆形，由外层、中层、内层三部分组成。眼球外层起维持眼球形状和保护眼内组织的作用，由角膜、巩膜组成。前面 1/6 为透明的角膜，是接受信息的最前端入口，是眼球前部的透明部分，光线经此射入眼球。其余 5/6 为白色的巩膜，俗称"眼白"，为致密的胶原纤维结构，不透明，呈乳白色，质地坚韧。巩膜的中间层又称为葡萄膜、色素膜，具有丰富的色素和血管，包括虹膜、睫状体和脉络膜三部分。虹膜呈圆环形，在巩膜的最前部分，位于晶体前，有辐射状褶皱称纹理，表面含不平的隐窝，中央有 2.5～4mm 的圆孔，称瞳孔。睫状体前接虹膜根部，后接脉络膜，外侧为巩膜，内侧则通过悬韧带与晶体赤道部相连。脉络膜位于巩膜和视网膜之间。

眼内腔包括前房、后房和玻璃体腔。

眼内容物包括房水、晶状体和玻璃体；三者均透明，与角膜一起共称为屈光介质。

眼的附属器官包括眼睑、结膜、泪器、眼球外肌和眶脂体与眶筋膜。

眼科药物治疗是全身药物疗法的一部分，眼病的恢复同全身状态有密切关系。全身给药后药物到达眼部血管及组织内的浓度与血液中的药物浓度成一定的比例，而眼球的屈光介质和眼球壁毛细血管之间，形成了血-房水屏障，这使药物经全身给药途径后，在眼内不易达到有效浓度。眼局部用药，因药物直接与眼球接触，用量小而局部浓度高，能克服血-房水屏障的阻碍，并保证眼内药物的有效浓度。如治疗眼前部感染性疾病，局部频繁使用抗感染药物，可在浅表组织中获得较高浓度，收到更好的疗效，因此很少或不需要全身给药治疗。有些药物在全身应用时，可产生严重的不良反应，局部用药既可避免全身不良反应，又可达到治疗目的。因此，眼科常局部用药治疗结膜、角膜感染性疾病。此外，局部麻醉药、散瞳药、缩瞳药等，局部应用即可达到目的。

眼科局部用药，分水剂和油膏两种剂型。局部滴用水剂药物后，由于眨眼及泪液的稀释，结膜囊内药物减少，可1～2h滴一次，以保持局部浓度。因药物多为亲水性，在油脂中形成微结晶，仅油膏表面的微结晶可在泪液溶解中起作用，药物的释放缓慢，仅高脂溶性药物的油膏比水剂更有疗效。油膏附于眼球表面常使视力模糊，水剂无此缺点。故白天用水剂，晚上可用油膏。

局部用药不能在晶状体-虹膜后的组织内达到治疗水平。因此，需将药物经结膜下、眼球筋膜下或球后注射，以达到治疗水平。有些水溶性药物（如青霉素），不能穿透结膜、角膜上皮细胞构成的脂溶性屏障，而眼球结膜、巩膜为水溶性屏障，可行球结膜下注射，使药物进入眼内。

宠物临床上眼部给药主要适用于结膜、角膜、巩膜和眼睑等眼部疾病和动物眼干燥症病的治疗，以及给予散瞳药和缩瞳药等。

物品准备

无菌纱布，无菌棉签，洗眼液，眼药膏，眼药水，人工泪液等。

操作过程

① 犬只站立保定。
② 操作者洗手消毒，戴好口罩，做好防护。
③ 用无菌纱布蘸取生理盐水擦去眼部分泌物，并用无菌棉签蘸取生理盐水擦去眼睑内分泌物。
④ 若眼内有大量分泌物或者有溃疡灶，可直接用洗眼液进行眼部冲洗，见图4-37。

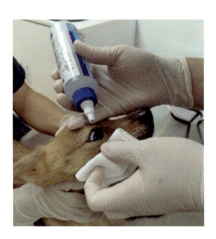

图 4-37　眼部冲洗

⑤ 犬头部稍微向上倾斜，用左手拇指和食指分别拉开上下眼睑。

⑥ 右手持眼药瓶从犬头部后方切入，在眼球约 12 点钟位置的巩膜上滴入 1～2 滴眼药水（见图 4-38）或长约 0.5cm 的眼药膏，见图 4-39。

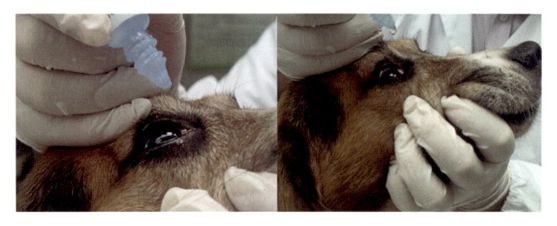

图 4-38　滴眼药水

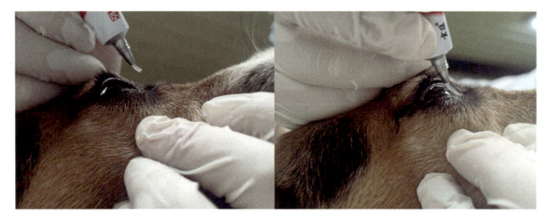

图 4-39　滴眼药膏

⑦ 做好给药记录。
⑧ 收拾整理操作台，垃圾按要求分类处理。

注意事项

① 在使用眼药时，药瓶口不可以接触到睫毛或眼睛，保持至少2cm距离，以免污染。
② 用药前后要洗手消毒，防止造成交叉感染。
③ 眼药要避光保存，开封后超过一个月弃用；若眼药水中含有血清，则需冷藏保存，一周后弃用。
④ 同时使用两种及以上眼药时，要间隔5min以上。
⑤ 同时使用眼药水与眼药膏，应先点眼药水，后点眼药膏。
⑥ 请遵照临床兽医师医嘱进行用药。
⑦ 请勿任意中途停药，不要自行判断而停止使用。

眼睛给药技术

技能 4-8
耳部给药技术

犬猫的耳朵结构分为外耳、中耳和内耳，见图 4-40。外耳是声音接收器，中耳是将声波转化为机械振动，内耳是将机械振动转化为可被脑部中枢系统识别的电脉冲。通过一系列协调作用，维持耳朵的听觉和平衡功能。

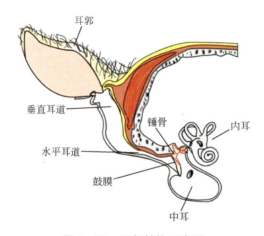

图 4-40　耳部结构示意图

外耳由耳郭和耳道共同构成，外部覆盖有皮毛，由垂直的耳朵软骨形成。开始于耳的外孔并卷绕为漏斗形状，成为隧道，以通往耳道的下部。耳道长约 5～10cm，并分为垂直耳道和水平耳道两个部分，继续卷曲到达鼓膜，形成特殊 "L" 状。耳道管腔的直径为 0.5～1cm。

犬的耳朵较大且结构复杂，因为有被毛覆盖，所以很容易藏污纳垢。定期给犬清洗耳朵对犬的健康很重要，也能有效预防耳部螨虫、细菌感染等。

宠物临床上常见的耳部疾病主要是由耳螨、细菌、真菌等引起的感染，有时是由犬在草地玩耍过程中异物进入耳道内引起。动物耳部疾病的临床症状主要表现为摇头、搔耳、摩擦面部、疼痛和散发出臭味等。

宠物临床上，耳部药物往往都是可以直接滴在耳道内而发挥局部治疗作用的制剂，并且这些药物多为复方制剂，大都能起到杀虫、抗菌、消炎、清洁、消毒、止痒、收敛、润滑等作用。

耳部给药技术在临床上主要用于动物耳部细菌、真菌、寄生虫等生物性因素的感染，也可用于耳道内异物引起的损伤，还可以作为日常清洁护理使用。

物品准备

洗耳水，耳肤灵，直头止血钳，脱脂棉，棉签，检耳镜，纱布等。

操作过程

① 做好给药前的准备工作，将所需物品放在一个操作盘中备用。
② 助手将动物进行站立或坐立保定，限制其自由活动。
③ 用手捏住耳尖部位，仔细检查耳郭背侧面、耳边缘及内侧面，看有无异物、分泌物及耳道口有无毛发生长过多现象。
④ 用检耳镜检查耳道，查看耳道状况和耳道内有无分泌物、异物等，见图4-41。

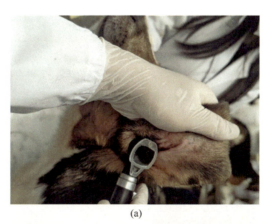

(a)

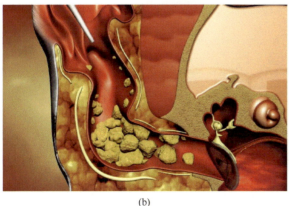

(b)

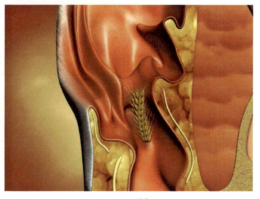

(c)

图4-41 耳道内分泌物、异物检查

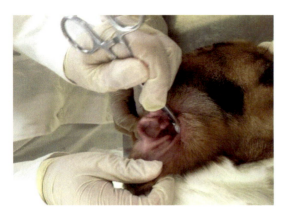

图4-42 清洗耳部

⑤ 用脱脂棉蘸取洗耳水对耳郭和耳道外部进行清洗，清除分泌物等脏物，见图4-42。

⑥ 然后再清洗垂直耳道部分，即将洗耳水滴入耳道内少许，再用脱脂棉进行清洗，清除耳道内的耳垢、分泌物等脏物。

⑦ 也可以进行耳道灌洗，将适量的洗耳水滴入耳内，并用手按摩外耳道部，让犬甩头，清除耳道内的脏物。

⑧ 根据耳道检查和诊断结果，选取合适的药物进行局部给药治疗。

⑨ 将给药软管插入垂直耳道深处，并挤入少量药物。

⑩ 移去给药软管，用手按摩耳道外侧，并可听到咯吱声。

⑪ 做好给药记录。

⑫ 收拾整理操作台，垃圾按要求分类处理。

注意事项

① 不要将棉签伸入耳道内，因为棉花容易脱落掉入耳道。
② 洗耳水每次灌入量不要太多，可根据情况反复清洗。
③ 清洗时动作要轻柔，不可粗暴用力，以免造成耳道损伤。
④ 选用药物时要根据耳道内容物的检查结果来决定。

耳部给药技术

技能 4-9
雾化吸入疗法

雾化吸入疗法是用雾化装置将药物雾化成微小的雾滴，使其伴随着动物的呼吸进入呼吸道及肺脏，达到湿化气道、排除痰液和治疗疾病的目的。因此，这种治疗方法可适用于各种呼吸道急慢性炎症和哮喘等疾病的治疗。

雾化吸入疗法的特点主要有吸入的药物可直接到达患病部位，因此比口服药物起效快，而且更为有效。由于药物直接进入呼吸道，其药物用量只需其他给药方式的1/10，明显减轻了药物的毒副作用，特别适用于幼龄动物呼吸道疾病的治疗。对于某些以病毒感染为主的、可自愈的疾病，通过雾化吸入疗法可明显减轻症状，缩短病程。雾化吸入疗法药物作用直接，对缓解支气管哮喘效果显著且迅速，优于其他治疗方式，甚至可在危急时刻挽救动物的生命。

在宠物临床上，雾化吸入疗法根据不同的疾病、不同的治疗目的，可选用不同的药物进行雾化吸入。目前常用的药物有以下几种。

(1) **平喘药** 平喘药是一类扩张支气管、解除支气管平滑肌痉挛的药物。此类药可使小动脉及微小动脉收缩，减少血流量，降低静脉压，从而减轻支气管充血和水肿。常用药物有两种：一种是抗胆碱能药物，此类药物胃肠道黏膜吸收量少，对呼吸道平滑肌具有较高的选择性；另一种是β_2受体激动剂，目前临床上常用的药物是沙丁胺醇。其水溶液浓度为0.05%，对下呼吸道感染效果较好，主要用于重症支气管炎引起的哮喘以及有支气管痉挛的患病犬猫。常规使用剂量为2mL，药物加等量生理盐水雾化吸入。

(2) **糖皮质激素** 糖皮质激素是一类肾上腺皮质激素类药物，具有局部高效和全身安全的特点，是长期治疗持续性哮喘的首选药物。目前主要有地塞米松、曲安奈德、倍氯米松等，药物浓度为1mg/2mL。此类药物具有强有力的局部抗炎作用，小剂量就能起到治疗作用。临床上若与抗胆碱能药物或β_2受体激动剂联合雾化吸入，治疗效果更佳。

(3) **祛痰药** 雾化吸入疗法本身就是一种良好的祛痰性治疗，常用的药物有溴己新、盐酸氨溴索等，此类药物经雾化吸入后可获良好的祛痰和消炎作用，还具有调节呼吸道上皮分泌浆液与黏液的能力，刺激肺泡Ⅱ型上皮细胞合成与分泌肺泡表面活性物质，维持肺泡的稳定性，增强呼吸道上皮纤毛的摆动，促使痰液易于咳出。

(4) **抗生素** 雾化吸入抗生素对呼吸系统感染有一定的治疗作用。很多抗生素注射液都可作雾化吸入治疗。在宠物临床上应用较广、疗效肯定的主要有庆大霉素和多黏菌素，前者为液体，性质稳定，黏度低起雾速度快，局部刺激小，过敏反应小；后者溶于水，药性稳定，在室温下放置时间长。

雾化吸入疗法在宠物临床上主要用于支气管炎、肺炎等呼吸道疾病的治疗，偶尔也用于需要湿化气道、排除痰液的患病动物。

物品准备

雾化药物，无菌生理盐水，一次性无菌注射器，雾化器，面罩等。

操作过程

① 将雾化器放在操作台上，进行雾化器功能检查。将面罩、软管连接好，确认工作正常后备用，见图4-43。

② 根据治疗需要，分别用一次性无菌注射器抽取适量的雾化药物和无菌生理盐水放入雾化器的贮液罐内，进行充分混匀稀释。

③ 宠物由主人或助手抱着，进行站立或坐立保定。

④ 启动雾化器电源开关，根据不同宠物情况设置气体流量等参数。

⑤ 将面罩罩在宠物口鼻部，进行雾化吸入治疗15min，见图4-44。

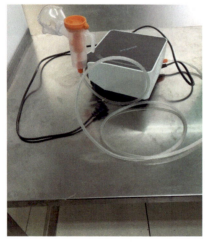
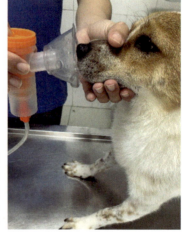

图4-43　雾化器　　　图4-44　犬雾化吸入治疗

⑥ 雾化治疗结束后，关闭电源，移走宠物。

⑦ 做好雾化给药记录。

⑧ 雾化器清洗消毒。对面罩、软管、贮液罐进行冲洗、消毒处理，干燥后放入包装

盒内存放。

⑨ 整理和消毒操作台，垃圾按要求分类处理。

 注意事项

① 雾化器使用前要做好运行性能检查，防止连接部位松动、漏气。
② 雾化吸入治疗时要使用无菌生理盐水进行药物稀释。
③ 雾化器在使用前必须严格消毒，避免造成交叉感染。
④ 雾化器使用完毕后，要清理掉贮液罐中残余的液体，并进行清洗消毒，防止微生物滋生。
⑤ 在进行雾化吸入治疗和全身给药治疗时防止重复用药。

雾化吸入疗法

技能 4-10
钡餐造影技术

硫酸钡是一种高密度物质,在小动物临床X射线影像学检查中,常用来作阳性造影剂使用。硫酸钡在消化道中不被吸收,对机体无毒副作用,服用安全,是消化道造影的首选造影剂。硫酸钡口服后在消化道内的排空时间和食物大致相同。因此,临床上通过给动物灌服一定剂量的硫酸钡溶液,借助于X片,可以用来评估消化道中各部位的黏膜状态、充盈后的轮廓、胃肠蠕动与排空功能等。在小动物临床上使用时,常将其配制成30%~60%硫酸钡混悬液(即30~60g硫酸钡加100mL水),也可根据需要制成不同浓度的混悬液,使用时按照8~10mL/kg的剂量给予灌服。

物品准备

硫酸钡,水,镇静药,X光机,计时器,灌肠液等。

操作过程

① 造影前,动物要禁食12h。结肠造影时,灌服钡餐前2h需给动物灌肠,清理结肠内粪便。

② 动物灌服钡餐前,要至少拍摄左侧位、右侧位、腹背位三张平片。

③ 按照8~10mL/kg的剂量,缓慢地给动物灌服硫酸钡混悬液。

④ 灌服完钡餐后,立即拍摄右侧位、腹背位(图4-45)两张平片。

⑤ 灌服钡餐后15min、30min、1h、2h、4h、6~8h、12h、24h各时间点至少拍摄右侧位、腹背位等2~3张平片。

⑥ 根据摄片的具体信息,进行消化道功能、形态及黏膜状况的评估。

⑦ 灌服钡餐后摄片时间、体位、评估器官详见表4-1。

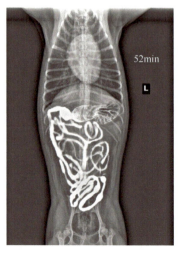

图 4-45 钡餐后摄片(腹背位)

表4-1 钡餐摄片时间、体位、评估器官表

序号	摄片时间	摄片体位	评估器官	犬	猫
1	灌服前	L、R、VD	对照	√	
2	灌服后立即	R、VD	上食道	√	
3	15min	R、VD	食道	√	
4	30min	R、L、VD、DV	食道、胃	√	因猫排泄比较快，拍摄到6～8h即可
5	1h	R、VD	胃	√	
6	2h	R、VD	胃、幽门	√	
7	4h	R、VD	十二指肠、空肠	√	
8	6～8h	R、VD	空肠排空	√	
9	12h	R、VD	空肠排空	√	
10	24h	R、VD	结肠	√	

注：L：左侧位；R：右侧位；DV：背腹位；VD：腹背位。

 注意事项

① 消化道有穿孔者，禁用硫酸钡造影。

② 造影前动物先禁食12h，并在灌服钡餐前2h进行灌肠。

③ 灌服钡餐时要慢，避免钡餐进入呼吸道及肺部。

技能 4-11
气管插管技术

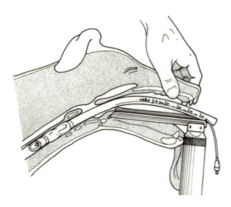

图 4-46　犬气管插管示意图

气管插管技术是指将一特制的气管内导管通过口腔经声门插入气管的技术，见图4-46。气管插管为保持呼吸道畅通、通气供氧、呼吸道吸引、气体麻醉等提供了便利条件，是治疗动物呼吸功能障碍的重要措施。

宠物临床上，气管插管的目的是辅助动物吸氧、气体麻醉和苏醒。动物施行气管插管后，既能保证呼吸道畅通，避免分泌物或呕吐物吸入气管，又可辅助呼吸和供氧，是小动物心肺复苏及伴有呼吸功能障碍等危重患病例抢救过程中的重要措施。

物品准备

气管插管，喉镜，注射器，润滑剂，纱布，纱布条等。

操作过程

① 做好气管插管前的准备工作。主要包括选择三根合适的气管插管，检查插管套囊有无漏气等。
② 助手将处于麻醉状态的犬俯卧于操作台上。
③ 将插管紧贴动物身体，测量犬齿到肩胛骨前缘的距离，在插管头部及气囊壁涂上润滑剂。
④ 助手将犬只头颈伸展，头微抬向上，使下颌与颈部成一直线，并将口腔拉开。
⑤ 操作者用喉镜压住舌根和会厌基部，找到声门，见图4-47（a）(b)；将涂过润滑剂的插管经声门插入气管，见图4-47（c）。

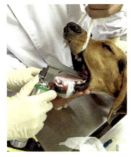  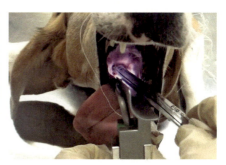

(a) 喉镜寻找声门　　　　　　　(b) 暴露声门　　　　　　　　(c) 插入气管插管

图 4-47　气管插管技术

⑥ 推进插管到预定深度，即到插管系纱布的位置。

⑦ 将插管用纱布条固定于犬上颌或下颌。猫则固定于耳后。

⑧ 用注射器在插管套囊注入空气。在注气时，若在针筒内感到有轻微阻力，停止注气。

⑨ 根据临床需要，将插管连接到气体麻醉机或氧气供应器上进行工作。

⑩ 做好动物的生命体征监测工作。

⑪ 做好记录。

⑫ 整理操作台，按要求分类处理垃圾。

气管插管技术

注意事项

① 喉头严重水肿或气管明显狭窄的犬猫不可插管。

② 咽喉部有溃疡、肿瘤或异物滞留的患病动物不可进行气管插管。

③ 颈椎骨折脱位的患病动物不可进行气管插管。

④ 下呼吸道分泌物滞留所致呼吸困难的患犬不可插管。

⑤ 插管时不可用力过猛。

⑥ 插管粗细要合适，不可过粗或过细。

⑦ 确认插管是否正确的方法：

a. 动物会咳嗽。

b. 插管中出现雾气。

c. 插管接口能感觉到气流，可吹动毛发。

d. 触摸颈部，只能摸到一条硬的气管，如触摸到两个管状物，则误插入了食道，需退出重插。

技能4-12
动物麻醉技术

"麻醉"一词源于希腊文,其含义是用药物或其他方法使被麻醉者整体或局部暂时失去感觉,以达到无痛进行手术治疗的目的。一般认为,麻醉是由药物或其他方法产生的一种中枢神经和周围神经系统的可逆性功能抑制,这种抑制的特点主要是感觉尤其是痛觉的丧失。

麻醉之所以可以消除疼痛,在于麻醉药阻断了痛觉的信号传输,大脑接收不到痛的信号,或者是暂时"麻痹"了大脑,这样动物感觉不到疼痛。麻醉分为全身麻醉和局部麻醉两种类型。

全身麻醉简称全麻,是指麻醉药经呼吸道吸入、静脉或肌内注射进入体内,产生中枢神经系统的暂时抑制,临床表现为意识消失、全身痛觉消失、反射抑制和骨骼肌松弛。全麻分为吸入麻醉法和注射麻醉法,本技能重点介绍吸入麻醉法。吸入麻醉法是麻醉药以气体状态经呼吸道吸入而产生麻醉作用。小动物临床上常用的吸入麻醉药有氧化亚氮、氟烷、异氟烷、七氟烷等。吸入麻醉法对多数动物有良好的麻醉效果,其优点是易于调节麻醉的深度和能较快终止麻醉,中、小型动物较适用;缺点是对大型动物使用不方便。

局部麻醉也称部位麻醉,是指在患病动物清醒状态下,将局麻药应用于身体局部,使机体某一部分的感觉神经传导功能暂时被阻断,运动神经传导保持完好或同时有程度不等的被阻滞状态。这种阻滞应完全可逆,不产生任何组织损害。局部麻醉的优点在于简便易行、安全、意识清醒、并发症少和对患病动物生理功能影响小。可用于危重病犬或温顺犬的小手术。

麻醉的目的是在宠物疾病诊疗过程中,减轻动物痛苦,防止意外发生,保障人畜安全,为诊疗的顺利进行创造良好的环境和条件。

物品准备

吸入麻醉机,麻醉药,气管插管,喉镜,润滑剂,麻醉前用药物,留置针,注射器等。

操作过程

① 做好麻醉前的各项准备工作。包括动物称重、了解动物基本情况、麻醉前用药物、

气管插管、喉镜到位等。

② 建立静脉通路，在动物前肢头静脉埋置留置针。

③ 麻醉前用药，根据体重给动物皮下注射阿托品、镇静镇痛类药物等。

④ 仔细检查麻醉机管路连接是否正确，并确保管路完好、不漏气。

⑤ 检查APL阀是否处于开放状态。麻醉时APL阀必须处于开放状态。

⑥ 一切准备就绪后，进行诱导麻醉。

⑦ 用丙泊酚进行静脉诱导麻醉，按6～10mg/kg的剂量缓慢静脉推注，推注时间在1min左右，注意推注速度不能太快。

⑧ 待动物麻醉后，由助手协助打开口腔，迅速进行气管插管。

⑨ 确认气管插管无误后，将气管插管与麻醉机上的管路紧密连接。

⑩ 依次旋开氧气减压阀（1L/min）和蒸发器的旋转调节阀（3%VOL），使动物维持麻醉状态，并将生命监护仪连接在动物身上。

⑪ 麻醉过程中注意观察动物的麻醉深度，根据麻醉具体情况，对蒸发器进行浓度微调。

⑫ 待麻醉稳定后，即可进行相应的治疗工作。

⑬ 治疗完毕后，关闭蒸发器，保持动物在纯氧中呼吸约5～10min，以利于动物快速苏醒。

⑭ 待动物出现吞咽动作后，即可用注射器抽去插管气囊中的空气，然后拔出气管插管。

⑮ 关闭气源，从动物身上取掉生命监护仪的传导线，由专人护理刚苏醒的动物。

⑯ 做好记录，认真填写麻醉记录表。

⑰ 整理操作台，垃圾按要求分类处理。

注意事项

① 麻醉过程中注意给动物保温，防止出现低体温现象。

② 准确称量动物体重，麻醉药用量"宁少勿多"。

③ 丙泊酚诱导麻醉时，药物注射速度要掌握好，开始稍快，当开始出现麻醉效果时应减慢速度，全部推完要1min左右。

动物麻醉技术

④ 麻醉过程中做好心电、血氧、体温等生命指标的监护。

⑤ 做好刚苏醒动物的护理工作，防止摔伤等意外情况发生。

⑥ 做好麻醉前动物的评估工作。

技能 4-13
洁牙技术

犬猫不像人类可以每日刷牙，但食物残渣长期留在牙齿缝隙或黏附在牙齿表面，可形成牙菌斑（见图4-48），不仅会使洁白的牙齿变黄，同时腐烂的食物残渣会导致口臭，然后慢慢形成牙周炎和牙石，严重的形成牙周病，造成牙龈萎缩、牙根暴露和牙齿松动。通过给犬猫进行洁牙，可以预防、治疗犬猫的很多口腔疾病。

牙齿分为牙冠和牙根两部分，由牙釉质、牙本质和髓腔组成，见图4-49。牙釉质位于牙冠的最表面，是牙体组织中高度钙化最坚硬的部分。犬猫的牙釉质比人的薄。牙本质构成牙齿的主体，硬度比牙釉质低，比骨组织稍高。牙本质由成牙质细胞不断产生，成牙质细胞位于牙髓腔外周，牙本质中央的髓腔内充满牙髓组织。髓腔是牙体中心一个空腔，其中可容纳牙髓。牙髓是位于髓腔内的疏松结缔组织，主要是血管、神经和淋巴管，其周围被坚硬的牙本质所包围。年轻动物恒齿牙髓腔比较大，随着年龄增长，牙髓腔逐渐缩小。

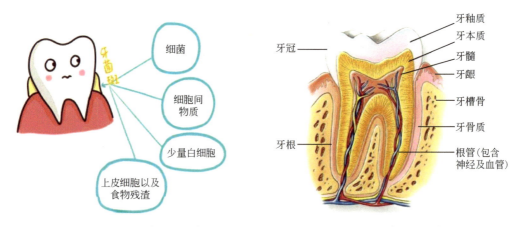

图 4-48　牙菌斑形成原因示意图　　图 4-49　牙齿结构示意图

犬猫牙齿种类与人类一样，根据年龄的不同，分为乳齿和恒齿。犬的乳齿共28颗，换牙后的恒齿42颗。猫的乳齿共26颗，恒齿30颗。牙齿类型一共有4种，即切齿、犬齿、前臼齿和臼齿。从外观上看，乳齿和恒齿的区别主要是以下几点：

① 乳齿呈白色，恒齿呈微黄色。这是由于恒齿牙釉质比乳齿牙釉质的钙化度高、透明度大，牙本质的黄色透过来的缘故。

② 乳齿牙冠比对应的恒齿牙冠短小。

③ 乳齿比恒齿更细、更尖。

技能4-13-1　刷牙

宠物犬猫洁牙的方法有多种，但是，保持口腔卫生最常用的清洁牙齿方法就是刷牙。刷牙被称为犬猫牙齿清洁的"黄金标准"。犬猫的刷牙方法有指套刷牙和牙刷刷牙2种。

 物品准备

纱布条，无菌生理盐水，牙刷，牙膏，含甲硝唑的漱口液。

 操作过程

方法1　指套刷牙

① 取适量长度的纱布条，在食指末端上缠绕2～3圈，制成简易的洁牙工具。
② 缠绕好后，蘸取适量的无菌生理盐水。
③ 然后将该手指放于嘴唇下侧，用湿润的纱布条依次擦拭牙龈、牙缝，进行牙齿清洁，见图4-50。
④ 待犬猫完全适应了这种清洁牙齿的方法后，可以尝试着换成专业牙刷进行刷牙。

方法2　牙刷刷牙

用犬猫专用牙刷和牙膏，对牙冠和牙根进行清理。具体刷法和人刷牙相似，具体方法如下：
① 牙刷挤上适量牙膏，保持牙刷与牙齿呈45°左右。
② 单手握住犬嘴巴，掀开嘴唇，清洗牙齿，在犬牙冠和牙根之间转圈刷洗，清洗牙菌斑和牙垢，见图4-51。

 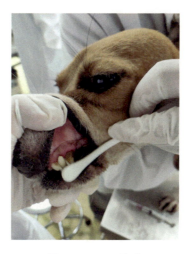

图4-50　指套刷牙　　　　　图4-51　牙刷刷牙

③ 上下刷洗，清理牙缝中的牙石，直到牙齿表面干净。
④ 用含甲硝唑的溶液冲洗口腔，将异物和牙膏清理干净。

技能4-13-2　超声波洁牙技术

超声波洁牙是通过超声波的高频振荡作用去除牙菌斑和牙石并磨光牙面，以减少牙菌斑和牙石的再沉积。超声波洁牙具有高效、优质、省时省力的特点。同时，采用超声波洁牙技术对牙齿还有抛光作用，使牙齿表面光洁。超声波洁牙是一种效果非常好的洁牙方法，定期对宠物进行超声波洁牙，可以有效预防宠物牙周病等口腔疾病的发生。

物品准备

超声波洁牙仪（图4-52），气体麻醉机，气管插管，无菌生理盐水，甲硝唑溶液，无菌纱布等。

操作过程

① 身体健康检查，主要有血液生化、血压等项目的检查。
② 埋置留置针，建立静脉通道。
③ 调试超声波洁牙仪，选择合适的刀头，做好准备工作。
④ 动物麻醉，一般采用气体麻醉法。
⑤ 洁牙前，对口腔牙齿进行拍照。
⑥ 洁牙。刀头与牙齿一般保持15°左右，对牙齿进行清洗，见图4-53。

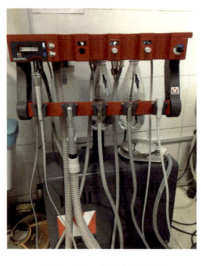
图4-52　超声波洁牙仪

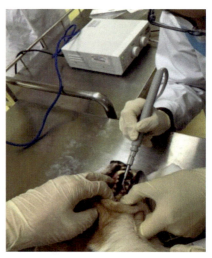
图4-53　超声波洁牙

⑦ 抛光。牙齿清理干净后，用氟化石对牙齿进行打磨、抛光操作。

⑧ 洁牙后的护理。一般可用甲硝唑溶液进行冲洗或选择含氯己定的口腔护理液，防止感染。

⑨ 完成洁牙后，拍口腔牙齿照。

⑩ 做好记录，在牙科检查表上做好标记。

⑪ 清理操作台，垃圾按要求分类处理。

注意事项

① 刷牙时用力不可过大，要上下方向进行刷洗。

② 患有凝血障碍性疾病的动物不宜做超声波洁牙。

③ 超声波洁牙时，注意刀头的角度和压力，轻轻用力即可。要将刀头来回移动，切忌将刀头停留在一点上振动，防止对牙齿表面造成损伤。

④ 洁牙时，尽量减少对牙龈的伤害。

⑤ 洁牙后要抛光，否则牙菌斑形成会更快。

⑥ 超声波洁牙后，不要喂食过硬日粮和高敏感性食物。

⑦ 洁牙后1周要做好口腔保健护理工作，并适当地给予消炎和镇痛。

⑧ 操作时，戴上面罩等防护用品，做好自我防护。

技能 4-14
上消化道内窥镜技术

内窥镜是医学临床上常用的一种医疗器械。内窥镜的种类繁多，在小动物医学临床上最常用的还是上消化道内窥镜。上消化道内窥镜是指在光学照明下可观察到上消化道管腔及其表面状况的一种内窥镜。整个内窥镜由图像处理与显示系统、纤维内窥镜及光源三个模块组成，见图4-54。上消化道内窥镜在对上消化道疾病检查、采样及异物取出等方面具有很高灵敏性。

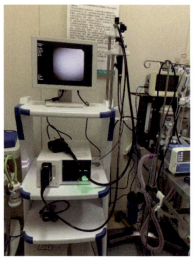
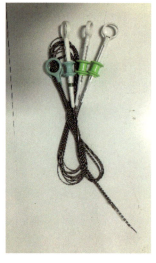

图 4-54　内窥镜

上消化道内窥镜技术临床上用于犬猫上消化道异物的探查与取出，上消化道疾病的检查与管腔状态的评估，以及对上消化道病变组织的采样进行活检等。

物品准备

内窥镜系统，麻醉药，留置针，气管插管，开口器，异物取出钳等。

操作过程

① 首先对动物进行健康检查，尤其是心功能、肝功能、肾功能等。
② 将纤维内窥镜与图像处理与显示系统相连接，接通电源，开机，进行内窥镜功能

检查及调节光的亮度等，调好后备用。

③ 埋置留置针，建立静脉通路。

④ 动物气管插管，连接气体麻醉机，进行气体麻醉，待麻醉稳定后方可进行上消化道内窥镜操作。

⑤ 动物呈侧卧姿势，用开口器打开动物口腔。操作时防止伤及动物的牙齿。

⑥ 宠物临床上常常两人配合操作。一人拿纤维内窥镜的操作部分，进行方向、充气吸气、异物取出钳等的调控；另一人拿纤维内窥镜的末端，负责往消化道内插入，见图4-55。

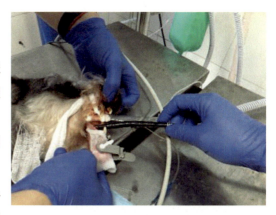

图4-55 插入内窥镜

⑦ 从舌头上方慢慢插入口腔，当插入咽喉部时，可以看到声门，此时应适当调整内窥镜方向，顺势进入食道。

⑧ 继续通过食道向胃内插入，当通过贲门时，会有少许阻力，一旦到达胃内，即可看到胃腔和胃黏膜。在内窥镜插入的过程中，如视野模糊不清，可进行充气，直到视野清晰为止。同时，要注意观察消化道内黏膜的变化情况，并截图保存，做好记录。

⑨ 沿内窥镜末端的方向，继续插入十二指肠部。

⑩ 在内窥镜插入过程中，如发现异物，可以用配套的异物取出钳等工具将异物取出。

⑪ 若异物不好取出，可以往消化道内注入少许无菌水溶性润滑剂，润滑后取出，或者想办法将异物分割成几个小的碎块后取出。

⑫ 针对不能够取出的食道异物，可以试着推送到胃内，然后进行胃切开术取出。

⑬ 做好记录。

⑭ 清洁、刷洗内窥镜软管、异物取出钳等，晾干后放入工具箱。

⑮ 整理操作台，垃圾按要求分类处理。

注意事项

① 内窥镜操作前，一定要评估动物的生命体征，了解动物的病情。

② 动物在做内窥镜操作前，要禁食12h、禁水4h。

③ 内窥镜操作期间，全程要用开口器维持口腔打开状态，防止操作过程中动物口腔闭合，咬坏内窥镜软管。

④ 临床上，在做内窥镜操作前，最好对动物进行X线摄片，初步对异物阻塞部位和异物性质进行评估。

⑤ 内窥镜软管插入过程中，动作要轻柔，上下左右方向可通过调节螺旋进行调节，尽量避免左右旋转内窥镜软管，防止对消化道增加刺激和造成损伤。

技能 4-15
腹膜透析技术

腹膜透析技术是利用动物腹膜作为半透膜,以腹腔作为交换空间,通过弥散、对流和滤过作用,清除体内过多水分、代谢产物和毒素,达到血液净化、替代肾脏功能的治疗技术。腹膜透析在小动物临床上操作起来相对容易和具有可行性,是治疗急性肾损伤和慢性肾衰竭的有效肾脏替代治疗方法之一。

腹膜透析的基本原理是利用腹膜作为透析膜。腹膜有半透膜性质,并且具有表面积大、毛细血管丰富等特点。浸泡在透析液中腹膜毛细血管腔内的血液与透析液进行广泛的物质交换,以达到清除体内代谢产物和毒物,纠正水电解质、酸碱平衡失调的目的。在腹膜透析中,溶质进行物质交换的方式主要是弥散、对流、滤过等作用,使水和溶质在细胞间液和透析液之间做双向运动,以达到治疗的目的。

腹膜透析在宠物临床上多用于急性、慢性肾功能衰竭,氮质血症,中毒,代谢性酸碱平衡紊乱(肝性脑病、顽固性代谢性酸中毒等),急性胰腺炎,对药物治疗无反应的电解质异常(高钾血症等),严重的液体过载等诸多疾病的治疗。

透析管在临床上主要有3种留置方法,分别是腹腔镜法、直接腹腔穿刺法和手术埋置法。但是,在宠物临床上应用比较广泛的还是直接腹腔穿刺法和手术埋置法。

技能 4-15-1　直接腹腔穿刺法

在紧急状况下,通常会选择简单的直接腹腔穿刺法,该种方式仅适用于短时间使用,不可长时间留置。

物品准备

透析管,手术器械包,消毒液,透析液,无菌手套,电推剪等。

操作过程

① 做好动物体况的评估。
② 做好透析前的准备工作,将所用材料放置在一个操作盘中。

③ 埋置留置针，建立静脉通路。
④ 对动物施行气体麻醉，仰卧保定动物。
⑤ 腹部剃毛、清洗，按外科手术要求消毒后，铺上无菌创巾。
⑥ 在距脐部3~5cm的皮肤处做一刺创，将带着套管针的透析管朝着骨盆的方向刺入皮下。
⑦ 套管针在皮下穿刺几厘米后再刺入腹腔，透析管再顺着套管针滑入腹腔。
⑧ 在皮肤创口处做荷包缝合，牢固固定住透析管。
⑨ 然后将透析袋与透析管连接好，即可进行透析，连接处一定要做好消毒。
⑩ 做好动物的护理监护，并记录。
⑪ 整理操作台，垃圾按要求分类处理。

技能4-15-2　手术埋置法

 物品准备

透析管，手术器械包，消毒液，透析液，无菌手套等。

 操作过程

① 做好动物体况的评估。
② 做好透析前的准备工作，将所用材料放置在一个操作盘中。
③ 埋置留置针，建立静脉通路。
④ 对动物施行气体麻醉，仰卧保定动物。
⑤ 腹部剃毛、清洗，按外科手术要求消毒后，铺上无菌创巾。
⑥ 在腹部切开2~4cm长的皮肤切口，依次切开皮肤、皮下组织、肌肉及腹膜。
⑦ 打开腹腔，将大网膜适量结扎并切除，见图4-56（a）(b）。
⑧ 植入透析管，将透析管沿耻骨方向插入至膀胱背侧，见图4-56（c）。
⑨ 将透析管与肌肉层一同缝合，关闭腹腔肌肉层创口。
⑩ 做一个3~5cm皮下隧道，并切一个小口，把透析管的体外端引出，皮肤做荷包缝合，透析管上至少打7个外科结，充分固定透析管。
⑪ 常规关闭皮肤切口。
⑫ 将透析袋与透析管连接好，即可进行透析，连接处一定要做好消毒。
⑬ 做好动物监护和记录。
⑭ 整理操作台，垃圾按要求分类处理。

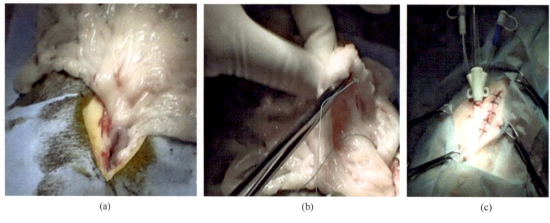

图 4-56 透析管埋置

注意事项

① 操作全程要求严格无菌,防止感染。

② 透析管连接处消毒要确实,做到用前用后均消毒。

③ 透析时要做好监护,精确记录透析液灌入量与流出量。

④ 透析时要防止出现低蛋白血症。

模块五

理疗技术

技能 5-1
针灸治疗技术

针灸治疗技术是使用针具对动物机体的特定穴位施以适宜的刺激,从而调节机体的固有功能,达到保健和治疗的一种特殊方法。临床上主要包括针术和灸术两种。针术是用针刺入动物机体一定穴位,通过针的刺激以治疗疾病的一种技术。灸术多用点燃艾条或其他理疗仪器对穴位部施以温热刺激,以温通经络、调理气血、防治疾病。

目前,针灸在宠物医学临床上主要用于治疗神经系统疾病、骨骼肌肉损伤性疾病、消化系统疾病、眼部疾病以及肿瘤疾病等。尤其以在神经和骨骼肌肉疾病方面的治疗应用最为普遍。

针灸是中国传统中医的治疗方法,随着社会进步和科学技术的发展,传统的针灸疗法有了新的发展。目前,已经将针灸疗法细分为白针疗法、红针疗法、水针疗法、火针疗法、埋线疗法和电针疗法等。其中,白针疗法和电针疗法在宠物临床上应用最为广泛,本技能重点就是对以上两种针灸治疗技术进行学习和训练。

物品准备

犬用针灸架(见图 5-1),一次性无菌针灸针(见图 5-2),干无菌棉球,碘伏,电子针灸治疗仪(见图 5-3),伊丽莎白项圈等。

图 5-1 针灸架

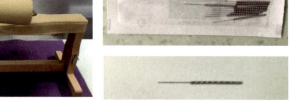
图 5-2 针灸针

图 5-3 电子针灸治疗仪

操作过程

① 将病犬骑在针灸架上进行保定,并戴上伊丽莎白项圈,防止针灸过程中犬用嘴啃咬针灸针。

② 选定穴位后,用酒精棉球对穴位部皮肤进行消毒,并按下述过程进行针刺。

③ 进针：操作者手部消毒后，用左手拇指侧边按压穴位边缘或用拇指与食指将穴位部皮肤向两侧撑开，用右手拇指、食指、中指持针，垂直刺入穴位。进针时，先将针快速刺入皮下，然后再捻转刺入穴中（犬会产生肌肉收缩或颤动、弓腰、提肢、摇尾）。根据犬只体型大小和部位，一般刺入深度在0.5～2cm，见图5-4。

④ 行针：就是使犬只持续性感到针刺感。常用捻转法（将针捻动旋转）、弹针法（用手指轻弹针柄，使针身轻微颤动）、电刺激法（针与电子针灸治疗仪连接，给予一定强度的脉冲电流刺激，也就是电针疗法）等措施。本次练习采用电刺激法（见图5-5），操作见步骤⑤。

⑤ 将电子针灸治疗仪的正负极输出线分别夹在对应的两根针柄上，选择断续波，调节频率由低到高，调节强度由弱到强，逐渐增加到所需的强度。维持10min，调节频率、强度渐渐变弱，直到将旋钮旋转"OFF"档，结束。

 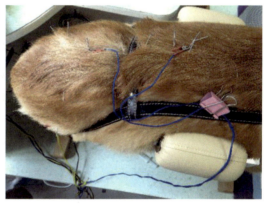

图5-4　进针　　　　　　　　图5-5　电子针灸治疗

⑥ 留针：留针就是将针留在穴位内一定时间，延长针的刺激作用。犬针灸一般留针时间是15min左右。

⑦ 退针：针刺时间结束后，用左手拇指、食指按压住针孔周围的皮肤，右手捻转着针柄缓慢退针。

⑧ 针退出后，用干无菌棉球按压针孔片刻，然后涂以碘伏消毒。

⑨ 做好记录。

⑩ 整理操作台，消毒针灸架，垃圾按要求分类处理。

注意事项

① 针灸时，严格消毒，防止感染。

② 怀孕的动物、过度虚弱的动物禁用或慎用针灸。

③ 进针时防止将针折弯、折断。

④ 在给予电流刺激时，强度要缓慢地由小到大，频率要由低到高进行调节，结束时则相反，严防突然增大或减小。

技能5-2
激光治疗技术

激光治疗技术是激光医学的一个重要分支,主要是利用低能激光对动物机体组织进行一定时间照射后所产生的生物学效应。激光的生物学效应包括热效应、光化效应、压强效应、电磁场效应,以及低能激光所特有的生物刺激效应。

通过低能激光的刺激和调节作用,可以促进动物机体局部血液循环,增强巨噬细胞活性,增加肥大细胞产生,调节机体免疫力,改善微循环,增加ATP酶的生成,刺激胶原蛋白和纤维蛋白的合成,提高细胞活性和增强神经活动,增加超氧化物歧化酶的生成和内啡肽的释放。从而表现出消炎、镇痛、刺激肉芽和上皮组织生长,促进创伤愈合和神经、毛发再生等功能。

激光治疗技术在宠物临床上主要用于肌肉骨骼疾病、牙科疾病、皮肤疾病以及神经功能性疾病等领域。具体适应证有骨关节炎、关节疼痛、肌腱韧带损伤、肌肉拉伤、颈椎及腰椎疾病、髋关节发育不良、四肢跛行、术后管理与康复、皮肤软组织创伤尤其是慢性创口不愈合、犬肛门腺炎、猫口炎等众多临床疾病。

物品准备

激光治疗仪,防护用品,电源等。

操作过程

① 将患病动物放置在操作台,对激光照射部位进行清洁。若是创口,则对创口进行适当的冲洗和清洁。

② 将激光治疗仪探头垂直于照射部位,并靠近皮肤。

③ 打开电源开关,设置好照射时间、模式等参数,开始进行激光治疗。

④ 本次练习设置照射时间15min,选择自动模式运行,期间做好防护。

⑤ 照射结束后,移开探头,关闭激光治疗仪,清洁探头,收纳整齐后放回原处。

⑥ 做好记录。

⑦ 整理操作台,垃圾按要求分类处理。

注意事项

① 避免激光束直射到操作人员的眼睛，操作人员应戴防护眼镜，做好自我防护。

② 怀孕的动物禁止进行激光治疗。

③ 激光束与被照射部位要保持垂直状态，使光斑准确照射在病变部位或穴位上。

④ 每次激光照射时间不要过长，强度不要过大。要严格按照说明书的说明进行操作，不可随意增大功率和波长。

⑤ 激光治疗需要一个过程，一般需要治疗1~2个疗程。临床治疗时要和主人充分沟通，避免产生医疗矛盾和纠纷。

技能 5-3
水疗技术

水疗技术是指在水的特殊环境下，对患病动物进行多种形式的活动，从而达到缓解患病动物症状，改善其生理功能的一种康复疗法。水疗正是利用水的温度刺激、机械刺激、化学成分刺激作用，从而达到促进循环、减轻疼痛、控制炎症、降低水肿、抗阻运动、提高肌力、减轻负重、改善关节稳定性和增加活动范围、松解结缔组织以及增强心肺功能等功效。

宠物临床上，水疗在神经肌肉损伤治疗、骨折康复治疗中具有十分优异的临床效果。临床适应证主要有犬猫的四肢关节功能障碍、骨科手术后的康复训练、髋关节发育不良、脊柱损伤性或退行性疾病、骨关节炎、肌肉关节损伤、肢体瘫痪、腰椎间盘突出、周围神经炎、过度肥胖等。

技能 5-3-1　药浴疗法

药浴疗法是指用药液或含有药液的水洗浴全身或局部，达到防治疾病的目的的一种方法。属于传统中医疗法中的外治法之一，是中医疗法的一大特色。药浴既是一种治疗手段，又是一种保健方法，在中国已有几千年的历史。

药浴通过水的温热效应、磁疗效应和药物作用，能够达到调和气血、平衡阴阳、疏通经脉、祛邪和中、温经散寒、祛风除湿、清热解毒、消肿散结、通络止痛、养容生肌、美容保健等功效。药浴对动物机体的具体作用表现为药物可直接作用于病因和发病部位，有利于恢复机体内的电位平衡，活化细胞，增强吞噬细胞的吞噬能力，提高血液中免疫球蛋白的含量，增强免疫功能，增强肌肤活力，促进皮肤愈合和毛发生长，去除病理性分泌物和改善动物机体散发的气味。

药浴疗法具有作用迅速、方法简便、费用低廉、疗效明显、易学易用、容易推广、使用安全、毒副作用少等优点。宠物临床上药浴主要用于动物的皮肤疾病、肌肉关节损伤性疾病和骨关节炎等疾病的治疗与康复。

 物品准备

犬用药浴盆，药浴香波，吸水巾，吹水机等。

操作过程

① 根据临床症状选择合适的药浴香波。
② 药浴前要对动物进行初步体检,进行药浴健康评估,适合者方可进行药浴。
③ 根据药浴香波说明,按倍数稀释后充分搅拌使其均匀溶解。
④ 药浴前将宠物的食物、食盆、饮水器等用品拿开,避免药液直接喷洒到上面,使宠物误食导致中毒。
⑤ 用浴液先将宠物全身清洗一遍,清洗后一定要冲洗彻底,防止有残留影响药物作用,然后再进行药浴。
⑥ 如果是猫或中小型犬,在药浴盆里放稀释好的药液,将宠物放入药浴盆中,身体接触不到药液的地方可以用杯子不停向宠物的身上浇药液,保证将其全身被毛全部打湿。
⑦ 如果是大型犬可以将药液稀释好后装在专用的稀释瓶子里。将稀释瓶前端的尖嘴插到被毛里层,同样要使全身被毛全部浸透药液。
⑧ 药浴时间一般为15min,药浴期间,要充分将药液揉搓在动物身上。
⑨ 药浴好后,直接用吸水巾吸去身上的水分,然后用吹水机吹干。
⑩ 做好药浴记录。
⑪ 整理药浴工具,垃圾按要求分类处理。

药浴疗法

注意事项

① 幼龄、老龄、妊娠期以及哺乳期的宠物尽量避免使用药浴。
② 宠物药浴时要注意水温,切勿过热以免烫伤皮肤。
③ 药浴一般建议浸泡不少于15min,这样才能让药物成分被宠物的皮肤充分吸收。
④ 建议泡软后,将宠物患病部位的分泌物、皮屑清理掉,这样有利于新毛发的生长。
⑤ 药浴不可过于频繁,这会导致皮肤干燥,破坏皮肤正常菌群,其次会使菌群不稳定,导致其他皮肤问题。
⑥ 宠物可能会对药浴香波产生接触性过敏反应。不要频繁改变药浴香波的种类,也不要同时使用多种药浴香波。
⑦ 药浴的同时要对宠物的生活区域进行消毒,以彻底消灭细菌。
⑧ 药浴完毕后,一定要擦干、吹干。

技能5-3-2 水疗跑步机疗法

 物品准备

动物水疗跑步机(见图5-6),犬救生衣,犬牵引绳,电源等。

图 5-6　水疗跑步机

操作过程

① 对水疗跑步机工作状态进行检查、调试，一切正常后方可接诊预约患犬。

② 患犬身体健康检查。重点检查心肺功能和皮肤的完整性，以及自主排便情况，并熟悉患犬需要康复治疗的具体病情。

③ 若身体条件满足水疗要求，则将犬只放在水疗跑步机上，穿好救生衣，并对犬只进行安慰和抚摸，消除患犬紧张情绪。

④ 打开水疗跑步机的电源开关，根据患犬体型及身体状况设置好水的深度（50cm）、温度（38℃）、时间（15min）及运动模式（被动运动—步行—抗阻运动），见图5-7。

图 5-7　犬水疗

⑤ 开始缓慢注入温水，直到所需深度，停止注水。

⑥ 开始计时，进入水疗状态。治疗阶段，水疗跑步机旁须有专人负责犬只的护理。

⑦ 水疗结束后，取出患犬，立即用宠物专用吹水机吹干身体。

⑧ 排空水疗跑步机内水，进行消毒处理。

⑨ 做好水疗记录，以及患犬的临床表现。

⑩ 整理工作间，垃圾按要求分类处理。

注意事项

① 老龄、体质虚弱、心肺功能不良的宠物慎用水疗跑步机进行治疗。

② 大小便失禁的患病犬猫禁用水疗跑步机治疗。

③ 患病犬猫水疗前需进行身体清洁。

④ 水疗全程须有专业人员护理照护。

⑤ 由于水疗治疗周期长、显效慢、费用高,在做之前须和主人充分沟通,以防产生医疗纠纷。

模块六

急救治疗技术

技能6-1
吸氧技术

吸氧就是吸入氧气,是通过给氧提高动脉血氧分压和动脉血氧饱和度,增加动脉血氧含量,纠正各种原因导致的缺氧状态,促进组织的新陈代谢,维持机体生命活动的一种治疗方法。吸氧疗法是临床上常用缓解缺氧的一种方法,也是辅助治疗多种疾病的重要方法之一。吸氧用氧气瓶及湿化器见图6-1。

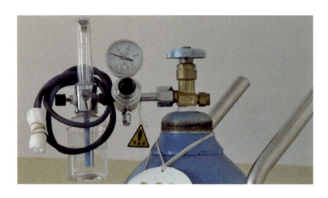

图6-1 氧气瓶及湿化器

宠物临床上吸氧治疗主要用于各种动脉氧分压下降的低氧血症患病动物,包括各种病因造成通气、换气不良的低氧血症及心力衰竭、休克等严重情况,有时也用于支持治疗。

宠物临床上吸氧方法多种多样,具有很高的灵活性。

技能6-1-1 常用吸氧技术

一、面罩吸氧

吸氧技术

面罩吸氧是将面罩紧密罩于口鼻部并用松紧带固定,适宜较严重缺氧者。氧流量为5~10L/min,氧浓度可达40%~50%。面罩吸氧的优点是可湿化氧气,无黏膜刺激性,吸入氧浓度恒定,不受呼吸模式变化的影响,高流速气体可促使面罩中呼出的二氧化碳被及时排除,没有二氧化碳重复吸入现象。缺点是密封性差,耗氧量较大,需要由专人护理患病动物;具有潜在性呼吸性酸中毒的风险。

二、鼻导管吸氧

将导管经鼻孔插入鼻腔后，用缝线固定在鼻与前额的皮肤上，延伸到耳后颈部，连接供氧管道，见图6-2。鼻导管吸氧对动物应激性小、氧流量稳定。氧流量为50～75mL/（kg·min），氧浓度可达40%～60%。缺点是不能用于鼻腔阻塞的动物。

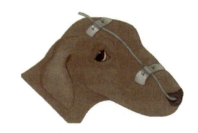

图6-2 鼻导管吸氧

三、伊丽莎白项圈吸氧

伊丽莎白项圈吸氧是给患病动物戴上一个大号的伊丽莎白项圈，并用保鲜膜覆盖项圈开口的2/3，在项圈顶端留一个4～5cm的缝隙，让呼出的二氧化碳、热量、水蒸汽得以散出。通过颈部，将供氧导管用胶带固定在鼻孔附近项圈内壁上，见图6-3；氧流量为2～6L/min，氧浓度达60%以上。此种吸氧法非常适合于喘或张嘴呼吸的患病动物。

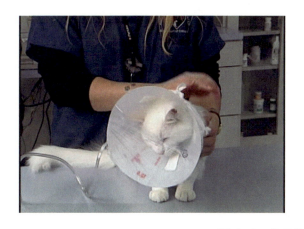 

图6-3 伊丽莎白项圈吸氧

技能6-1-2　氧气箱吸氧

氧气箱吸氧是动物诸多吸氧方法中最不会造成动物紧迫的一种方式。而且，专业的氧气箱可调控箱内的温度、湿度和氧气浓度。也可在饲养笼外面缠绕覆盖一层保鲜膜作为氧气箱，然后将供氧软管伸入笼内来增加氧浓度，见图6-4。氧气箱内氧浓度可维持在40%～60%。这种吸氧方法需氧量大，且箱内温度会升高。

 物品准备

氧气瓶，氧气装置，湿化瓶，面罩，伊丽莎白项圈，鼻吸氧管，氧气箱，保鲜膜，胶带等。

图 6-4　氧气箱吸氧

操作过程

① 患病动物以侧卧或俯卧保定，或放入氧气箱内。
② 连接氧气装置，加装湿化瓶，并对整个供氧装置进行功能检查。
③ 选用大小合适的面罩罩住动物口鼻部，需要由专人固定住面罩，防止脱落。或连接鼻吸氧管、氧气箱等。
④ 打开氧气瓶总开关，调节氧流量为 5L/min（吸氧方法不同，氧流量参数不同），进行吸氧。
⑤ 吸氧过程中做好监护。
⑥ 吸氧结束后，关闭流量计开关，取下面罩，拆去氧气装置。
⑦ 做好记录。
⑧ 整理操作台，垃圾按要求分类处理。

技能 6-1-3　气管内插管吸氧

气管内插管吸氧是动物临床上常用的一种吸氧方法，多用于麻醉前和动物急救时的吸氧。

物品准备

氧气瓶，供氧装置，湿化瓶，气管插管，喉镜，留置针等。

操作过程

① 做好吸氧前的准备工作，做好氧气压力表、通气软管、湿化瓶（瓶内加入 1/2 左右的无菌生理盐水）的密封性检查等。

② 依次将氧气压力表、流量计、湿化瓶、通气软管安装到氧气瓶上，并打开开关检查有无漏气。

③ 以上检查若没有问题，关闭流量计开关，备用。

④ 助手将处于麻醉状态的动物俯卧于操作台上。

⑤ 将插管紧贴动物身体，测量犬齿到肩胛骨前缘的距离，在插管前端及气囊壁涂上润滑剂。

⑥ 助手将犬只头颈伸展，头微抬向上，使下颌与颈部成一直线，并将口腔拉开。

⑦ 操作者用喉镜压住舌根和会厌基部，找到声门，将涂过润滑剂的插管经声门裂插入气管。

⑧ 推进插管到预定深度。

⑨ 将插管用纱布条固定于犬上颌或下颌，猫则固定于耳后。

⑩ 用注射器在插管套囊注入空气，在注气时，若在针筒内感到有轻微阻力，停止注气。

⑪ 将通气软管连接到气管插管接头上。

⑫ 调节氧流量0.6L/min（根据动物的具体情况），给患病动物吸氧。

⑬ 吸氧过程中随时对动物进行观察，并做好记录。

⑭ 吸氧完成后，分离吸氧管，先关闭流量计开关，再关闭氧气瓶总开关。

⑮ 做好记录。

⑯ 整理操作台，垃圾按要求分类处理。

注意事项

① 吸氧过程中要注意安全，禁止出现明火。

② 吸入的氧气一定要经过湿化瓶加湿，防止黏膜出现干燥刺激。

③ 严格控制氧流量，防止大量氧气进入呼吸道和肺脏，损伤肺泡。

④ 吸氧前，要先检查供氧装置的气密性。

技能 6-2
心肺复苏技术

心肺复苏技术（CPR），是在心脏和呼吸骤停时采取的一种急救技术。希望通过进行人工呼吸和心脏按压，恢复患病动物的自主呼吸和自主循环。心脏一旦骤停，如得不到及时的心肺复苏急救，4~6min后便会造成脑和其他重要器官组织的不可逆损伤，所以心脏停搏后及时进行心肺复苏抢救措施，可挽回部分患病动物的生命。根据美国小动物临床统计，经过正确实施心肺复苏后，犬的CPR成功率约为5%~6%，猫的成功率则为6%~9%，而这些CPR成功的病患中，只有10%能成功救回。

一般来说，心肺复苏主要包括打开呼吸道、人工呼吸、胸外心脏按压三个关键环节，并配合一定药物治疗。

1. 急救操作步骤

（1）**打开呼吸道**　打开呼吸道，让呼吸道畅通。让动物处于自然侧卧姿势，使其头颈处于伸展状态，拍打背部，打开口腔将舌头拉出，清除口腔内异物和分泌物，并用力按压腹部2~3次，确认异物清理干净后，快速进行气管插管，建立畅通的呼吸通路。如果通过上述方法仍无法打开呼吸道，则进行气管切开术，建立呼吸通路。

（2）**人工呼吸**　呼吸通路建好后，采用人工辅助呼吸的方式，通过按压球形氧气囊给予100%氧气，按压频率为15~20次/min，按压幅度为球形氧气囊的1/2，保持气道压力不能超过20cm H_2O。同时，配合针刺动物人中穴，促使其自主呼吸。

（3）**胸外心脏按压**　胸外心脏按压可促使血液流动到肺、脑和其他生命重要器官。持续不断的胸外心脏按压是心肺复苏成功的关键。将患病动物右侧卧于铺有防滑垫的地板上，胸外心脏按压的位置是动物的左侧第4~第6肋间肋软骨交接处，或肋软骨交接处背侧。右手掌与左手背重叠交叉，手掌紧贴胸壁，采用快速、有力、连续均匀的胸外按压。胸外按压频率为100~120次/min，按压幅度是使胸腔直径缩小25%~30%。

重复上述的三个步骤，直到动物出现生命意识，即有自主呼吸、可摸到脉搏、瞳孔恢复等生命指标。

2. 药物治疗

在进行上述急救步骤时，可静脉给予晶体溶液，犬20mL/kg，猫20mL/kg，速度越快越好。如果患病动物在心搏骤停前发生低血容量，则可适当加大静脉输液量。

在静脉补液时，还可根据患病动物的具体病情，选用表6-1中的部分药物进行治疗。

表 6-1 犬猫急救药物剂量表

药物	犬	猫	备注
阿托品	0.04mg/kg iv.	同犬	可每 3～5min 重复给药，最多给 3 次剂量
葡萄糖酸钙	10% 0.5～1.5mL/kg，缓慢 iv.	同犬	不可 it. 给药
肾上腺素	起始剂量 0.01mg/kg iv.，重复剂量 0.1mg/kg iv.	同犬	每隔 3～5min 给一剂重复剂量，用时要用生理盐水稀释
利多卡因	2.0～4.0mg/kg iv.	0.2mg/kg iv.	猫使用时要小心
纳洛酮	0.02～0.04mg/kg iv.	同犬	类鸦片药物
碳酸氢钠	0.5mEq/kg iv. 给予量 =0.08 × 体重(kg)×[HCO_3^- 正常值（mmol/L）- HCO_3^- 测得值（mmol/L）]	同犬	在 CPR 后的 10～15min 小心给予，可以每 10min 重复给药
血管升压素	0.2～0.8U/kg iv.	同犬	每 3～5min 重复给药或和肾上腺素交替给予

注：iv. 表示静脉注射给药；it. 表示气管内给药。

3. 复苏后的照护

CPR 成功救回的动物，复苏之后通常还会再发生呼吸或心肺功能停止，所以动物复苏后，要严格监控各项生理指标，做好相应的治疗。如继续吸氧，将氧气浓度由 100% 降至 50%～60%，同时做好患病动物的保温工作，防止体温过低。

在进行动物心肺复苏急救时，要注意以下事项：一是心肺复苏急救全程要连接生命监护仪，进行生命体征监护；二是胸外心脏按压要匀速、连续、有力，做好人员轮换工作；三是做好保温工作；四是在使用急救药物时，要注意给药剂量，防止药物给予过量。

心肺复苏技术

技能 6-3
中暑急救技术

中暑是日射病与热射病的总称，是在高温或高湿环境下，由于体温调节中枢功能障碍、水和电解质丢失过多而引起的以中枢神经或心血管功能障碍为主要表现的急性疾病。中暑见于各种动物，常因动物暴晒于烈日下，或长时间待在闷热环境中散热困难，而引起的脑血管急性扩张、充血，导致中枢神经系统或心血管功能障碍。中暑动物常表现为高热、呼吸急促、全身肌肉震颤、病程急速、常突然倒地抽搐而死。临床急救的核心是降低体温，防止生命重要器官功能衰竭。

物品准备

冰袋，电风扇，医用酒精溶液，丙泊酚，生理盐水，静脉输液装置，留置针等。

操作过程

① 接诊后，立即采取降温措施。将中暑动物放置于空调出风口处，打开电风扇对着动物头部吹，用30%的酒精溶液喷洒在腹部和足垫等毛少部位，用数个冰袋置于动物身体下和覆盖在身体上，并用冷水灌肠，直至体温降至38.5℃以下。

② 吸氧。中暑动物可进行吸氧。

③ 输液。维持水电解质的平衡，根据化验结果，如出现酸中毒可适当输注5%碳酸氢钠溶液缓解。

④ 输注甘露醇或呋塞米等利尿剂，缓解脑水肿和肺水肿，并监测排尿量。

⑤ 休克时，可适量应用糖皮质激素，防止和纠正弥散性血管内凝血（DIC）。

⑥ 体温降下来、症状缓解后，做好动物的后续护理工作。

注意事项

① 动物中暑后要第一时间采取降温措施，并防止出现过低体温。

② 短头品种动物中暑后，最好进行气管插管，给予充分吸氧。

③ 输液中注意监测，防止肺水肿。

④ 体温降下来后，要防止出现心血管系统问题和器官衰竭。

技能6-4
中毒急救技术

在宠物临床中，常常会接诊到犬猫中毒的病例。中毒病的特点是发病突然、病程快，短时间内可致动物死亡。此外，一般情况下毒物均不详，根据近10年来统计的宠物中毒病例来看，引起犬猫中毒的原因一般不外乎是吃了一些对动物有毒的植物叶、茎、果实，巧克力，洋葱，扑热息痛等解热镇痛类药物，华法林类灭鼠药以及过量服用驱虫药等。

动物外源性毒物中毒病的治疗原则是阻止毒物吸收、排除毒物、解毒和支持治疗。基于此，在宠物临床上对中毒的一般处理措施进行如下操作。

物品准备

氧气瓶，氧气装置，生命监护仪，输液装置，灌胃液，胃导管，常用解毒药物及抢救药物等。

操作过程

① 询问主人宠物的基本信息、活动范围、平常的嗜好以及有可能接触到的有毒物质。
② 快速给予吸氧，运用生命监护仪监护动物的生命体征。
③ 排除毒物，阻止毒物继续吸收。主要包括以下救治措施：

a. 立即清除体表黏附的毒物：可用自来水等进行清洗。

b. 催吐：阻止毒物进一步吸收。国内宠物临床上常用的催吐剂有双氧水（1～5mg/kg）、吐根碱（2.5mg/kg）等。

c. 灌胃：可用温水、0.1%高锰酸钾溶液或者肥皂水灌胃，清洗出胃内毒物。用于食入毒物6h以内的患病动物较好。

d. 泻剂：当食入毒物时间较长或者催吐效果不好时，可以适当给予Na_2SO_4（200mg/kg）、$MgSO_4$（200mg/kg）等盐类泻药，促进毒物的排出。

e. 利尿：通过给予一定的利尿剂（呋塞米，甘露醇等），促使吸收的毒物通过尿液排出体外。

f. 放血：根据动物的体况，可在循环的末梢部位进行适量放血，以减少体内毒物的量。

g. 给予吸附剂：常与泻药配伍使用。宠物临床上多用活性炭（1~2g/kg）灌服。

④ 给予解毒药物，分为一般解毒剂和特异性解毒剂两种。

a. 一般解毒剂：主要是增加肝脏对毒物的代谢分解能力和促进肝细胞再生能力。常用的药物包括维生素C、维生素E、高糖等。

b. 特异性解毒剂：效果较好，但是前提是必须知道是何种物质中毒。如华法林类灭鼠药中毒的特异性解毒剂是维生素K_1，扑热息痛中毒的特异性解毒剂是N-对乙酰半胱氨酸等。

⑤ 支持疗法。支持疗法主要是根据动物的具体情况，给予不同药物进行支持治疗，主要是缓解动物的症状和维持正常水盐代谢和电解质的平衡。同时维护好动物的体温和呼吸功能，纠正休克状态。一般常用到强心药、镇静药、葡萄糖生理盐水、复方生理盐水等。

 注意事项

① 做好自身安全防护，接触中毒动物时要戴手套、口罩等，防止自身被毒物沾染。

② 抢救中毒动物时，要确保动物呼吸道畅通。

③ 要对动物做好保温护理，使其维持在正常水平。

④ 治疗疗程要足够长，防止残留的毒物对动物造成持续性慢性损伤。

技能6-5
安乐死技术

"安乐死"一词源于希腊文，意思是"幸福"地死亡。它包括两层含义，一是安乐地无痛苦死亡；二是无痛致死术。安乐死指对无法救治的患病动物停止治疗或使用药物，让患病动物无痛苦死去。

患病动物安乐死的实施，先要满足一定的条件（因我国动物福利还没立法），同时，在具体执行时还必须严格按照一定程序来操作。目前，在国内程序设计上，要重点考虑三个关键的内容：一是动物主人的申请；二是临床执业兽医师的诊断；三是执业兽医师实施安乐死的行为。

每一个生命都是独一无二的，所以，兽医在行医过程中要关爱动物，尊重动物的生命，倡导动物福利理念。当然更不能回避动物安乐死，要在职业道德允许的范围内最大限度减轻动物的痛苦。

要先对患病动物进行病情评估，只有在满足了以下四点的情况下，才可以对患病动物执行安乐死。

① 动物主人提出书面申请。
② 动物患了无法承受痛苦的疾病，如高位四肢瘫痪及大小便失禁等。
③ 动物患了法律或者医学上禁止继续喂养的传染性疾病。
④ 动物患了无法治愈的疾病，如一些癌症的晚期等。

动物医学现阶段的安乐死大多数是用药物停止动物心脏跳动，从而使动物死亡。使用的药物主要有镇静麻醉类、氯化钾、戊巴比妥钠、硫酸镁、凝血剂和安眠药等。目前，国内宠物临床上应用最为广泛的是镇静麻醉类药物和氯化钾。如果单独应用氯化钾，动物会出现剧烈的疼痛和肌肉收缩，呈角弓反张的痛苦状，然后才会心跳骤停，猫尤其明显。所以，在执行动物安乐死时，常与镇静麻醉类药物配伍使用。即先给患病动物进行镇静，然后再静脉快速推注氯化钾，让动物平静死去，做到真正意义上的安乐死。

 物品准备

留置针，透气胶带，橡皮筋，丙泊酚，10%氯化钾注射液，20mL注射器等。

操作过程

① 患病动物主人提出书面申请。

② 执业兽医师评估动物病情，并和主人就相关事宜进行充分沟通，征得主人同意后，方可进入动物安乐死执行操作流程。

③ 埋置留置针，建立静脉通路。

④ 通过留置针静脉注射丙泊酚，剂量为5～10mg/kg，等待动物全身进入镇静状态。

⑤ 待动物进入镇静状态后，快速静脉推注10%氯化钾溶液，剂量为2～3mL/kg。

⑥ 在动物出现呼吸、心跳停止，眼无反应，生命监护仪显示心电图逐渐呈现直线时，宣告动物死亡。

⑦ 对动物尸体进行包装与冷藏保存，预约火化事宜。

⑧ 整理操作台，并进行严格消毒，垃圾按要求分类处理。

 注意事项

① 在执行宠物安乐死时一定要遵循职业道德和动物福利。

② 要对申请安乐死的动物进行病情评估，只有满足条件的患病动物才能执行安乐死。

③ 操作时，一定要按照规定的程序执行，不能减少药物的使用量和使用他法致死动物。

④ 要善待动物尸体，做好尸体的保存与善后工作，禁止他用。

安乐死技术

附　录

附录1　犬猫基本生理指标

项目		犬	猫
体温	幼年	38.5～39℃	38.5～39℃
	成年	37.5～39℃	38～39.5℃
心率	幼年	70～200 次/min	140～220 次/min
	成年	70～140 次/min	120～200 次/min
呼吸频率	幼年	20～25 次/min	20～30 次/min
	成年	15～20 次/min	15～25 次/min
血压		120～150 mmHg	120～150 mmHg
眼压		15～25 mmHg	15～25 mmHg
寿命		10～20 年	8～20 年
性成熟	雄性	10～12 月龄	7～9 月龄
	雌性	7～9 月龄	5～8 月龄
妊娠期		58～63 d	58～63 d
牙齿数	乳齿	28 颗	26 颗
	恒齿	42 颗	30 颗

注：1mmHg=133.322Pa。

附录2　犬猫体重与体表面积换算表

犬体重与体表面积换算表

体重/kg	表面积/m²	体重/kg	表面积/m²
1.0	0.100	27.0	0.900
2.0	0.150	28.0	0.920
3.0	0.200	29.0	0.940
4.0	0.250	30.0	0.960
5.0	0.290	31.0	0.990
6.0	0.330	32.0	1.010
7.0	0.360	33.0	1.030
8.0	0.400	34.0	1.050
9.0	0.430	35.0	1.070
10.0	0.460	36.0	1.090
11.0	0.490	37.0	1.110
12.0	0.520	38.0	1.130
13.0	0.550	39.0	1.150
14.0	0.580	40.0	1.170
15.0	0.600	41.0	1.190
16.0	0.630	42.0	1.210
17.0	0.660	43.0	1.230

续表

体重 /kg	表面积 /m²	体重 /kg	表面积 /m²
18.0	0.690	44.0	1.250
19.0	0.710	45.0	1.260
20.0	0.740	46.0	1.280
21.0	0.760	47.0	1.300
22.0	0.780	48.0	1.320
23.0	0.810	49.0	1.340
24.0	0.830	50.0	1.360
25.0	0.850	60.0	1.531
26.0	0.880		

猫体重与体表面积换算表

体重 /kg	表面积 /m²	体重 /kg	表面积 /m²
0.5	0.060	5.5	0.300
1.0	0.100	6.0	0.310
1.5	0.120	6.5	0.330
2.0	0.159	7.0	0.340
2.5	0.180	7.5	0.360
3.0	0.208	8.0	0.380
3.5	0.220	8.5	0.390
4.0	0.250	9.0	0.410
4.5	0.270	9.5	0.420
5.0	0.290	10.0	0.440

附录3　处方常用语缩写

外文缩写	中文	外文缩写	中文
Rp. 或 R.	请取	Sig.	标记（标明用法）
Ad.	加	gtt.	滴、量滴、滴剂
mg	毫克	mL	毫升
μg	微克	g	克
im.	肌内注射	IU	国际单位
id.	皮内注射	sc.	皮下注射
p.r.	直肠给药	iv.	静脉注射
ip.	腹腔注射	cri	静脉恒速输注
Inj.	注射剂	Pulv.	粉剂
Caps.	胶囊	Tab.	片剂
lot.	洗剂	lin.	擦剂
Co.	复方的	St.	立即
am.	上午	pm.	下午
q.d.	每天一次	b.i.d.	每天两次
t.i.d.	每天三次	h.s.	睡前
a.c.	饭前	p.c.	饭后

附录4　给药记录单

病历号：_____　畜　别：_____　年　龄：_____　病　因：_____
笼　号：_____　宠物名：_____　体　重：_____　负责兽医师：_____
　　　　　　　　　　　　　　　　　　　　　　　　　　　　　主 人 电 话：_____

日期	时间	药物	给药途径	病程进展	签名

附录5　常用输液液体成分表

项目	Na^+/(mEq/L)	Cl^-/(mEq/L)	K^+/(mEq/L)	Ca^{2+}/(mEq/L)	乳酸/(mEq/L)	葡萄糖/%	酸碱度（pH值）
5%葡萄糖溶液						5	3.2～6.5
10%葡萄糖溶液						10	4.5～7.5
生理盐水	154	154					5.4
林格液	147	155	4	3			5.8
乳酸林格液	130	109	4	3	28		6.5
血浆	145	108	4.2	5			7.4

附录6　犬猫输血记录表

病历号：_____　　　　　　疾病诊断：_____
体　重：_____　　　　　　年　龄：_____
输血前给药：_____　　　　　主治兽医：_____

日期	时间	生命体征			输血速率	病程进展	记录人
		T	*P*	*R*			

附录7　麻醉协议书

品种：_____　　　体重：_____kg　　　年龄：_____岁

麻醉药：_____　　　（_____mL/kg）　　　正常麻醉剂量：_____mL

您的宠物需要先行麻醉后才能施行治疗措施，麻醉存在一定危险性。麻醉时可能产生以下副作用及并发症：

1. 对于已有或潜在性心脏血管系统疾病的宠物而言，在麻醉后较易引起突发性急性心肌梗死。
2. 对于已有或潜在性心脏血管系统或脑血管系统疾病的宠物而言，在麻醉后较易发生脑卒中。
3. 隐瞒进食，或腹内压高的宠物，在执行麻醉时有可能导致呕吐，容易引起吸入性肺炎。
4. 对于特异性体质的宠物，麻醉可引起恶性发热。
5. 由于药物特异性过敏而导致的突发性反应。
6. 区域麻醉有可能导致短期或长期的神经伤害。
7. 其他偶发的病变。

万一有个别宠物在麻醉过程中发生药物反应、麻醉意外、窒息等意外情况，我院会尽力抢救，若抢救无效死亡，我院概不负责。

主人：_____同意进行麻醉　　　　　　　　_____宠物医院

麻醉师签字：_____　　　　　　　　　　　____年___月___日

附录8 犬牙齿象限图

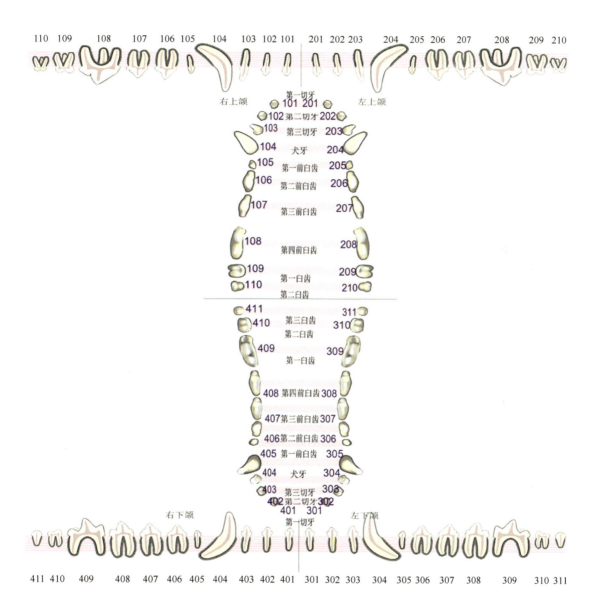

附录9　宠物安乐死协议书

宠物主人姓名：_____　　　　电话号码：_____

宠物主人地址：_____　　　　宠物年龄：_____

宠物种类：_____　　　　　　宠物品种：_____

宠物性别：_____　　　　　　宠物特征：_____

宠物名字：_____

　　我清醒地认识到我的宠物病情危重，经主治执业兽医师的认真评估，在目前已有的宠物医疗条件下无法治愈，为避免给宠物带来更大的痛苦，我同意给我的宠物实行安乐死。由此所产生的一切责任均由我本人自愿承担，与宠物医院及安乐死实施执业兽医师无任何关系。

宠物医院：_____　　　　　　　　　　　　　　　宠物主人签字：_____

_____年__月__日　　　　　　　　　　　　　　_____年__月__日

参考文献

[1] TAYLOR S M. 小动物临床技术标准图解. 袁占奎，何舟，夏兆飞，译. 北京：中国农业出版社，2010.

[2] SIGNE J P. 小动物急诊手册（上下册）. 陈珊蒂，叶锦鸿，刘品萱，等译. 台北：台湾爱思唯尔有限公司，2014.

[3] 林政毅，谭大伦，翁博源. 宠物医师临床手册. 台北：艺轩图书公司，2017.

[4] 臧广州. 宠物疾病现代诊断与治疗操作技术实用手册. 天津：天津电子出版社，2004.

[5] RHEAV M. 小动物临床手册. 4版. 施振声，译. 北京：中国农业出版社，2004.

[6] REBAR A H MACWILLIAMS P S，FELDMAN B F，et al. 犬猫血液学手册. 夏兆飞，译. 北京：中国农业大学出版社，2007.

[7] THERESA W F，CHERYL S H. 小动物外科学. 2版. 张海彬，译. 北京：中国农业大学出版社，2008.

[8] 王金福. 动物药理. 北京：中国农业出版社，2016.

[9] 邓干臻. 宠物诊疗技术大全. 北京：中国农业出版社，2005.

[10] 何英，叶俊华. 宠物医生手册. 2版. 沈阳：辽宁科学技术出版社，2009.

[11] 林德贵. 动物医院临床技术. 北京：中国农业大学出版社，2004.

[12] 宋大鲁，宋劲松. 犬猫针灸疗法. 北京：中国农业出版社，2009.

[13] STEVEN F S. 小动物绷带包扎、铸件与夹板技术. 田萌，袁占奎，译. 北京：中国农业出版社，2014.

[14] STANLEY H，DONE P C，GOODY S A，et al. 犬猫解剖学彩色图谱. 林德贵，陈耀星，译. 沈阳：辽宁科学技术出版社，2007.

[15] 王金福. 动物病理. 北京：中国农业出版社，2016.

[16] 苏璧伶，詹东荣. 小动物常用药品手册. 台北：台湾爱思唯尔有限公司，2015.

[17] 宋文华. 兽医临床诊断与治疗技术. 长春：吉林人民出版社，2014.

[18] 朱金凤，王怀友. 兽医临床诊疗技术. 郑州：河南科学技术出版社，2007.

[19] 张涛. 兽医临床诊疗技术. 银川：宁夏人民出版社，2014.

[20] 左之才. 小动物疾病诊疗技术. 郑州：河南科学技术出版社，2013.

[21] José Rodríguez Gómez，Jaime Graus Morales，María José Martínez Sañudo. 小动物骨盆部手术. 丁明星，丁一，译. 北京：中国农业出版社，2015.

[22] 中国疾病预防控制中心. 狂犬病预防控制技术指南（2016版），2016.

[23] PAULA P. 动物医院工作流程手册. 夏兆飞，译. 北京：中国农业大学出版社，2009.